UNION DES FABRICANTS DE BRONZES

Et des Industries qui s'y rattachen

ÉTUDE SUR LA PROPRIÉTÉ

DES

MODÈLES D'ART

APPLIQUÉS A L'INDUSTRIE

Par E. SOLEAU

Secrétaire du Bureau de la Réunion des Fabricants de Bronzes

PARIS

TYPOGRAPHIE MORRIS PÈRE ET FILS

64, RUE AMELOT, 64

1889

RÉUNION DES FABRICANTS DE BRONZES

Et des Industries qui s'y rattachent

ÉTUDE SUR LA PROPRIÉTÉ

DES

MODÈLES D'ART

APPLIQUÉS A L'INDUSTRIE

Par E. SOLEAU

Secrétaire du Bureau de la Réunion des Fabricants de Bronzes

PARIS

TYPOGRAPHIE MORRIS PÈRE ET FILS

64, RUE AMELOT, 64

—

1889

INTRODUCTION

La propriété des modèles et les moyens à employer pour la faire respecter est et a toujours été l'objet des préoccupations constantes du Bureau de la Réunion des Fabricants de Bronzes; c'est l'article premier et fondamental des statuts de notre Société.

La Contrefaçon est la grande plaie qui tend à envahir toutes les industries qui se rattachent à l'art; non seulement elle démode rapidement nos meilleures créations et nous force à produire sans cesse de nouveaux modèles, sans pouvoir tirer profit des anciens, en nous réduisant au simple rôle de producteur d'échantillons, mais encore elle avilit, elle abaisse l'art.

Quand après de longs essais, de coûteux sacrifices, nous créons enfin des modèles satisfaisants, nos premières livraisons sont de suite contrefaites en Allemagne, en Autriche, en Amérique, et, si il le faut dire, en France même.

A l'étranger, la contrefaçon s'affiche à l'aide de surmoulages grossièrement faïts en une matière quelconque, et livrés au public en quantité incalculable d'épreuves.

En France, la contrefaçon est moins osée, mais elle met en circulation de mauvaises copies qui s'étalent jusque sur la voie publique.

Que ce soit des surmoulages ou des copies, les conséquences sont les mêmes; au lieu d'une œuvre originale, artistique, dont le travail achevé permet le prix élevé, des reproductions inférieures, courant sur le trottoir, déprécient l'œuvre et la déconsidèrent. A la fin, bon nombre de nos industriels se lasseront, se décourageront et céderont la place aux contrefacteurs; car, à voir la liberté qui leur était laissée dans ces derniers temps, on peut se demander si la loi protége notre propriété.

Jusqu'à présent, nous avons pu ne pas trop nous inquiéter des contrefacteurs; nous les savions peu nombreux et de nature à ne pas nous effrayer; mais maintenant qu'ils augmentent, que leur arrogance s'accroît, qu'ils deviennent un danger et une menace pour l'industrie dont notre Chambre a la garde, notre devoir est tout tracé. L'esprit de tolérance que nous avons montré jusqu'ici ne peut exister; nous devons nous défendre et poursuivre ces voleurs de nos industries sans trève ni pitié, en intéressant à notre cause tous les honnêtes gens.

Votre Secrétaire a pensé qu'aux approches de l'Expo-

sition de 1889, et des congrès ou conférences qui se
tiendront à cette occasion, il serait opportun de résumer ce qui a été fait et dit sur cette grave question;
qu'il fallait chercher les moyens de défense de nos
droits et de nos intérêts; qu'il était utile de rappeler la
législation et la jurisprudence en vigueur; car nous
sommes très décidés à faire savoir aux incrédules que
nous pouvons et que nous voulons faire respecter
notre propriété.

ÉTUDE

SUR LA

PROPRIÉTÉ DES MODÈLES D'ART

APPLIQUÉS A L'INDUSTRIE

HISTORIQUE

En France, avant 1789, la propriété des ouvrages de sculpture était protégée contre le surmoulage et contre la copie.

Les fondeurs, ciseleurs, bijoutiers-orfèvres, et, en général, *tous ceux qui faisaient des modèles ou en avaient régulièrement acquis*, avaient droit à une égale protection, *qu'ils fussent artistes ou industriels*.

En effet nous trouvons (1) :

Sentence de police du 11 juillet 1702.

« Faisons défense aux fondeurs de contremouler ni donner
» à d'autres les ouvrages que les sculpteurs leur auront don-
» nés à fondre, et aux sculpteurs de faire part, à qui que ce
» soit, des modèles qu'ils auront fait pour les fondeurs ou que
» les fondeurs leur auront communiqués, à peine de 500 francs
» d'amende. »

---

(1) *Recueil des Lois et Arrêts* en matière de surmoulage et de contrefaçon, publié en 1846, par E. Duverger, imprimeur.

En mars 1730, nouveaux règlements accordés à la communauté des peintres et sculpteurs de l'Académie de Saint-Luc, de la ville, faubourgs et banlieue de Paris, et portant, art. 69, cette disposition :

« Sera défendu, à tout maître de la communauté, de copier
» ou faire copier, mouler ou contre-mouler les uns des autres
» pour les vendre ou les employer dans leurs entreprises, sans
» avoir le consentement par écrit du premier auteur desdits
» ouvrages. »

Le 30 juillet 1766, un arrêt du Parlement qui approuve la déclaration suivante rédigée par la communauté des *maîtres fondeurs* (1) :

« MM. les jurés en charge de la dite communauté ont
» représenté à la dite compagnie que, depuis nombre d'an-
» nées, il a été porté des plaintes à la communauté de la part
» de plusieurs maîtres d'icelle, au sujet des vols et pillages
» qui se font journellement des modèles. Cependant aucun des
» maîtres de la communauté n'ignore les peines et les dépen-
» ses qu'un modèle coûte à l'artiste qui se propose d'en faire
» un. Le modèle fait et parfait est un fonds qui reste à l'artiste
» pour en faire dessus autant qu'on lui en commande, et par
» là il trouve dans le bénéfice de la vente de quoi se dédom-
» mager du temps qu'il a employé à la construction de son
» modèle et des dépenses qu'il a faites pour y parvenir.
» « Mais, si l'on continue de souffrir qu'on lui pille et vole
» ses modèles, il s'ensuivra que l'artiste perdra tout le fruit de
» son travail, se dégoûtera, que son imagination ne travaillera
» plus et que le public se trouvera privé de nouvelles choses
» et trompé, n'ayant que de mauvais surmoulés qui ont beau-
» coup dégénéré de leur beauté, valeur et solidité. C'est ce-
» pendant ce qui arrive journellement. De tels abus méritent
» toute l'attention de la Compagnie, et MM. les jurés ont re-
» présenté qu'il était de leur devoir de proposer à la Compa-
» gnie le règlement suivant :

---

(1) *Traité des dessins et modèles de fabrique,* par E. Pouillet.

« ARTICLE PREMIER. — Défenses sont faites à tous les mar-
» chands merciers, bijoutiers, miroitiers, doreurs, ébénistes,
» et à tous autres, de quelque qualité qu'ils soient, de piller ou
» faire piller les modèles des maitres fondeurs ni de faire mou-
» ler sur les modèles des dits maitres, et à tous maîtres fon-
» deurs et autres ouvriers de les mouler et faire qu'ils ne
» soient sûrs que ce n'est point une pièce pillée, à peine par les
» autres solidairement de payer le prix du modèle, et de mille
» livres d'amende applicables, moitié au profit du Roi et l'au-
» tre moitié au profit de la communauté des maîtres fondeurs. »

Nous ne saurions mieux dire.

A la Révolution ces anciens règlements sont abrogés, mais remplacés par la loi de 1793.

LÉGISLATION & JURISPRUDENCE

LOI DE 1793

ARTICLE PREMIER. — Les auteurs d'écrits en tous genres, les compositeurs de musique, les peintres et dessinateurs qui feront graver des tableaux ou dessins, jouiront durant leur vie entière du droit exclusif de vendre, faire vendre, distribuer leurs ouvrages dans le territoire de la République et d'en céder la propriété, en tout ou en partie.

ART. 2. — Leurs héritiers ou cessionnaires jouiront du même droit durant l'espace de dix ans après la mort de leurs auteurs.

Par une loi postérieure, du 14 juillet 1866, la durée de ce droit est portée à cinquante ans à partir du décès de l'auteur.

ART. 3. — Les officiers de paix seront tenus de faire confisquer *à la réquisition* et au profit des auteurs, compositeurs, peintres ou dessinateurs et autres, leurs héritiers ou cessionnaires, tous les exemplaires des éditions imprimées ou gravées sans la permission formelle et par écrit des auteurs.

Dans un décret du 25 prairial an III (15 juin 1795), il est dit que les fonctions attribuées aux officiers de paix par cet art. 3 seront à l'avenir exercées par les commissaires de police, et par les juges de paix dans les lieux où il n'y a pas de commissaire de police.

ART. 6. — Tout citoyen qui mettra au jour un ouvrage soit de littérature ou de gravure, dans quelque genre que ce soit, sera obligé d'en déposer deux exemplaires à la Bibliothèque Nationale ou au cabinet des estampes de la République, dont il recevra un reçu signé par le bibliothécaire, faute de quoi il ne pourra être admis en justice pour la poursuite des contrefacteurs.

Cet article 6 fut complété par une ordonnance de 1814 dont l'article 9 dispose que le dépôt sera fait à Paris, au secrétariat de la direction générale (Ministère de l'intérieur) et dans les départements au secrétariat de la préfecture.

De la lecture des exposés des motifs de cette loi de 1793, il résulte que la Convention, par cet article 6, ne visait qu'une mesure de police à prendre à l'égard des ouvrages de littérature ou de gravure et à établir un impôt dans l'intérêt des lettres, en enrichissant la collection de notre Bibliothèque Nationale. La jurisprudence et la doctrine en ont conclu que les œuvres de la sculpture, alors même qu'elles seraient destinées à être reproduites par le moulage, échappaient à l'obligation du dépôt.

Articles du Code pénal de 1810, qui complètent cette Loi de 1793.

ART. 425. — Toute édition d'écrits, de composition musicale, de dessin, de peinture ou de toute autre production, imprimée ou gravée en entier ou en partie, au mépris des lois et règlements relatifs à la propriété des auteurs, est une contrefaçon ; et toute contrefaçon est un délit.

ART. 426. — Le débit d'ouvrages contrefaits, l'introduction sur le territoire français d'ouvrages qui, après avoir été imprimés en France, ont été contrefaits chez l'étranger, sont un délit de la même espèce.

ART. 427. — La peine contre le contrefacteur ou contre l'introducteur sera une amende de 100 francs au moins et de

2.000 francs au plus ; et contre le débitant, une amende de 25 francs au moins et de 500 francs au plus. — La confiscation de l'édition contrefaite sera prononcée tant contre le contrefacteur que contre l'introducteur et le débitant. — Les planches, moules ou matrices des objets contrefaits seront aussi confisqués.

ART. 429. — Dans les cas prévus par les articles précédents, le produit des confiscations, ou les recettes confisquées, seront remis au propriétaire pour l'indemniser d'autant du préjudice qu'il aura souffert ; le surplus de l'indemnité ou l'entière indemnité, s'il n'y a eu ni vente d'objets confisqués ni saisie de recettes, sera réglé par les voies ordinaires.

APPLICATION DE LA LOI DE 1793

Cette loi de 1793, complétée par les articles du Code pénal, est bien la loi qui nous couvre et aurait toujours dû nous couvrir.

Dès le début, la jurisprudence est presque constante, elle admet sans conteste que les éditeurs de bronzes, d'orfèvrerie, de fonte de fer, etc., tout aussi bien que les imprimeurs et éditeurs de musique sont sous le couvert de la loi et des articles du Code que nous venons de citer.

Voici quelques arrêts à l'appui de notre dire et qui offrent chacun un intérêt spécial :

Les reproductions exécutées par les fabricants de bronzes sont protégées par la loi de 1793. — Arrêt rendu par le tribunal correctionnel de la Seine, le 6 janvier 1818, et confirmé par la Cour Royale, le 22 juin 1818 (1) :

« Attendu, à l'égard des différentes plaintes, que si l'article 425 du Code pénal relatif au délit de contrefaçon ne comprend

---

(1) *Recueil des lois et arrêts* en matière de surmoulage et contrefaçon, E. Duverger, 1846.

pas nominativement les ouvrages de sculpture, ils se trouvent implicitement compris dans les mots *ou toute autre production*, que la sculpture étant assimilée à la peinture et rangée comme elle dans la classe des beaux-arts, les sculpteurs doivent avoir le droit exclusif de reproduire leurs ouvrages en bronze, ou de toute autre manière, de même que les peintres ont le droit de muliplier par la gravure la copie de leurs tableaux ;

« Attendu que l'article 425 ne parle à la vérité que des éditions imprimées ou gravées, mais qu'il est évident que le législateur a entendu atteindre aussi les contrefaçons qui s'opèrent au moyen des moules, puisque l'article 427 prononce la confiscation non seulement des planches et matrices, mais aussi des moules des objets contrefaits ;

« Attendu que le Code pénal, en définissant les délits de contrefaçons et en fixant la peine, se réfère cependant aux lois et règlements relatifs à la propriété des auteurs ;

« Attendu que la loi du 19 juillet 1793 assure les droits de propriété des sculpteurs, de même que les peintres et dessinateurs ; qu'en effet, s'ils ne sont pas dénommés spécialement dans les premiers articles de cette loi, l'article 7 n'accorde pas plus de privilège aux ouvrages de littérature ou de gravure qu'à toute autre production de *l'esprit ou du génie qui appartient aux beaux-arts ;*

« Attendu que ces droits consistent pour les objets dont il s'agit dans la propriété exclusive de ces productions pour les auteurs pendant leur vie, et pour les héritiers ou cessionnaires pendant dix ans après la mort de l'auteur. »

Inutilité du Dépôt

« Attendu que le dépôt exigé par la loi du 19 juillet 1793, le décret de 1810 et l'ordonnance du 24 octobre 1814, n'est relatif qu'aux exemplaires des ouvrages imprimés ou aux épreuves des estampes ou planches gravées, et que les ouvrages de sculpture n'y sont astreints par aucune disposition des lois et règlements ;

« Attendu que les fabricants de bronzes en acquérant des sculpteurs les modèles faits par ceux-ci, se trouvent subrogés à tous les droits des dits sculpteurs, le Tribunal déclare les nommés C. S. O. G. coupables du délit de contrefaçon et les condamne, etc...

La reproduction par l'estampage de la Sculpture d'Ornement est protégée par la loi de 1793. — Les différences dans les ornements n'excluent pas la contrefaçon. — Arrêt de la Cour Royale, du 25 mai 1832 (1).

Il s'agissait des panonceaux de notaires ! Après la révolution de 1830, les notaires furent obligés de changer leurs panonceaux, dans la composition desquels devait entrer le sceau de l'Etat. Le sieur Ameling, graveur sur métaux, fit un modèle de panonceaux et entoura le sceau de l'État d'accessoires et d'ornements de sa composition. Plusieurs fabricants contrefirent son modèle; il porta plainte. Le tribunal correctionnel de la Seine, le 9 février 1832, méconnaissant les principes, décida que quelques légers enjolivements ou ornements placés à l'entour ne pouvaient constituer un droit de propriété. Mais en appel, la Cour Royale, réformant le premier jugement, condamna les contrefacteurs ainsi qu'il suit :

« En ce qui touche la fin de non recevoir opposée par les prévenus, et tirée de ce qu'Ameling n'aurait pas fait le dépôt de deux exemplaires ; considérant que cette formalité n'est point applicable aux ouvrages d'art exécutés sur métaux, marbres ou autres, dit qu'il n'y a lieu de s'arrêter à ladite fin de non recevoir, statuant au fond, considérant qu'il résulte des débats la preuve qu'Ameling, graveur sur métaux, a, dans les premiers mois de 1831, composé, dessiné et exécuté sur acier des armoiries destinées à orner le sceau de l'Etat; que ces *ornements* avaient un but et une destination d'où pouvait résulter un avantage commercial pour le dit Ameling ; que l'exécution de ces ornements accessoires, constitue un ouvrage

---

(1) *Recueil des lois et arrêts* en matière de surmoulage et contrefaçon, E. Duverger, 1846.

d'art, dont le droit de propriété exclusive est garanti par la
loi du 19 juillet 1793 ; considérant qu'il résulte pareillement
de l'instruction et des débats la preuve qu'au mépris des
droits du dit Ameling, D... et la femme H... ont, dans le cours
de l'année 1831, contrefait, au moyen du moulage, le panon-
ceau et les ornements accessoires composés et exécutés par
Ameling ;

» Attendu que s'il existe de légères différences dans les ornements, ils ont eu évidemment pour but de déguiser le moyen
employé pour opérer la contrefaçon ; que ce contre-moulage
a eu lieu de la part des contrefacteurs pour s'épargner le temps,
les frais de composition, de dessin et ceux d'éxécution que
l'ouvrage original avait coûtés à l'auteur, et encore pour établir avec ce dernier une concurrence commerciale, préjudiciable à ses intérêts ; par ces motifs a mis le jugement dont est
appel à néant, émendant, déclare D... et H... coupables du délit de contrefaçon, les condamne etc... »

Nous voyons juger dans le même sens : un porte-
montre en bronze imité d'un sujet de pendule (Cour
de Paris, 6 mars 1834) (cité par Ruben de Couder), des
chenets en fonte de fer représentant une tête de cheval
avec des bas-reliefs (Tribunal de Toulouse, 22 décembre 1835) (cité par Gastambide).

**La bonne foi apparente n'exclue pas la con-
trefaçon, lorsqu'il y a preuve de copie avec
esprit de concurrence commerciale. — (Tribunal
correctionnel de Bordeaux, 27 novembre 1835).**

Cour Royale de Bordeaux, 24 janvier 1836 (1). —
M. Morize, de Paris, est propriétaire d'un modèle de
marteau de porte en fonte de fer.

En 1835, il apprend qu'un sieur E..., fondeur à Bordeaux, fabrique et vend des marteaux imités sur le
sien ; il fait saisir ; le sieur E..., interrogé, fait l'aveu
suivant :

---

(1) *Recueil des lois et arrêts* en matière de surmoulage et de
contrefaçon, E. Duverger, 1846.

« Je conviens que j'ai pris le marteau que vous me
» présentez pour me servir de type et de modèle ; j'ai
» fait faire ces marteaux qui ont été saisis chez moi ;
» mais l'ouvrier que j'ai employé pour faire le modèle
» qui m'appartient, et qui n'a agi que d'après mes
» ordres, n'a pas contremoulé le marteau de M. Morize,
» ni sa coquille ; il n'a fait simplement que l'imiter, et
» encore avec des différences essentielles qui ont été
» observées d'après ma volonté, et qui en font un mar-
» teau tout différent de celui de M. Morize. »

Sur cet aveu, le tribunal correctionnel de Bordeaux
a rendu un jugement dont la teneur se termine par :

Attendu que le sieur E... a reconnu lui-même, dans son
interrogatoire, avoir pris pour modèle le marteau-dauphin du
sieur Morize ; que dès lors il s'est rendu coupable, etc...

La Cour Royale de Bordeaux, par arrêt du 21 janvier 1836, a confirmé le jugement précédent :

« Attendu, dit cet arrêt, qu'il est constant que E... a fabri-
qué et vendu plusieurs marteaux ayant la forme d'un dauphin
battant sur une coquille, dont Morize a justifié être seul propriétaire ; que la différence, quant à la dimension des marteaux saisis chez le sieur E..., de même que celle qui existe
dans quelques ornements accessoires, n'empêche pas qu'il y
ait eu de sa part imitation du modèle appartenant à Morize ;
qu'il n'est pas absolument nécessaire, pour établir la contrefaçon, que E... ait eu recours au procédé de contremoulage ;
que la contrefaçon existe toutes les fois qu'il y a eu, comme
dans l'espèce actuelle, une imitation assez parfaite pour établir
une concurrence commerciale ;

» Que l'article 425 du Code pénal reçoit son application à la
propriété de spécification, comme à celle d'invention aux
ouvrages d'arts, de sculpture sur métaux, comme aux ouvrages
littéraires, aux compositeurs de dessin, de peinture ou de
musique ; que cela résulte des mots : ou *de toute autre production.*

» Attendu, etc....., met au néant l'appel interjetté. »

Jugé encore dans ce sens :

Orfèvrerie. — Des modèles d'orfèvrerie et spécialement de vaisselle plate (Paris, 20 janvier 1837).

Porcelaine moulée. — Des flacons en porcelaine moulée (Cour de Paris, 24 mai 1837).

Une œuvre, quelque peu importante qu'elle soit au point de vue artistique, présentant quelque chose de nouveau, est protégée par la loi de 1793. — (Paris, 16 août 1837.) (1)

Il s'agissait dans l'espèce d'une pendule d'albâtre ; le tribunal civil de la Seine s'était refusé à appliquer la loi de 1793 aux productions de cette nature. La Cour infirma dans un arrêt longuement motivé la doctrine du tribunal de la Seine.

« Considérant, dit un des motifs de cet arrêt, que la créa-
» tion d'une œuvre, quelque peu importante qu'elle soit, n'en
» appartient pas moins exclusivement à son auteur ; que dans
» les arts comme dans la littérature, ce n'est pas le génie seu-
» lement qui est appelé aux avantages de la propriété ; c'est le
» travail de la pensée donnant pour résultat *quelque chose de*
» *nouveau et de propre à son auteur*, etc..... »

Puis encore dans ce sens :

Des modèles d'anses et de pieds en bronze pour cafetières, théières et réchauds (Paris, 21 juillet 1855).

Un arrêt de la Cour de Cassation du 2 août 1854 :

« Les dispositions de la loi de 1793, dit cet arrêt, ont pour
» objet de protéger contre la contrefaçon la propriété de
» toute *création* soit des arts proprement dits, soit *des arts*
» *appliqués à l'industrie.* »

Même solution dans un arrêt de la Cour de Cassation du 21 juillet 1855.

Des poignées de sabres, d'épées et couteaux de

---

(1) Cité par M. Philipon, dans son rapport sur la loi nouvelle.

chasse présentant un cachet artistique sont également protégées par la loi de 1793. (Paris 12 décembre 1861).

Il y a contrefaçon dès que la copie est faite de manière à établir une confusion entre les deux produits. — *Jugement Christofle* (1) (Paris 8 mars 1866), disant que des modèles d'orfèvrerie peuvent, par la pureté de leur forme et par leurs ornements, constituer une propriété artistique, et il y a contrefaçon de la part du fabricant qui, au lieu de s'inspirer de sa pensée personnelle et des types connus, copie le modèle d'un autre fabricant de manière à établir une confusion entre les deux produits.

Nous pensons pouvoir interrompre ces citations ; elles suffisent, quant à présent, à démontrer que la loi de 1793, qui n'est pas abrogée, nous protège, quelle que soit la valeur artistique des œuvres défendues, qu'elles proviennent du sculpteur ornemaniste ou du sculpteur statuaire, que la contrefaçon ait été obtenue par surmoulage ou par copie modifiée, et cela sans qu'il soit nécessaire d'effectuer le dépôt préalable.

LOI DE 1806

Voici maintenant un second moyen de défense que la jurisprudence de ces trente dernières années a cru devoir mettre à notre disposition ; nous voulons parler de la loi de 1806.

Loi du 18 Mars 1806, relative à la propriété des dessins et modèles de fabrique et portant établissement d'un conseil des prud'hommes à Lyon.

Art. 10. — Le conseil des prud'hommes sera spécialement chargé de constater, d'après les plaintes qui pourront lui

---

(1) *Traité des dessins et modèles de fabrique,* par E. Pouillet.

être adressées, les contraventions aux lois et règlements nouveaux ou remis en vigueur.

Art. 11. — Les procès-verbaux dressés par les prud'hommes pour constater ces contraventions seront renvoyés aux tribunaux compétents ainsi que les objets saisis.

Art. 15. — Tout fabricant qui voudra pouvoir revendiquer par la suite, devant le tribunal, la propriété d'un dessin de son invention, sera tenu d'en déposer aux archives du conseil des prud'hommes *un échantillon* plié sous enveloppe revêtue de ses cachets et signature, sur laquelle sera également apposé le cachet du conseil des prud'hommes.

Art. 16. — Les dépôts de dessins seront inscrits sur un registre tenu *ad hoc* par le conseil des prud'hommes, lequel délivrera aux fabricants un certificat rappelant le numéro d'ordre du paquet déposé et constatant le dépôt.

Art. 17. — En cas de contestation entre deux ou plusieurs fabricants sur la propriété d'un dessin, le conseil des prud'hommes procèdera à l'ouverture des paquets qui lui auront été déposés par les parties; il fournira un certificat indiquant le nom du fabricant qui aura la priorité de date.

Art. 18. — En déposant son échantillon, le fabricant déclarera s'il entend se réserver la propriété exclusive pendant une, trois ou cinq années, ou à perpétuité; il sera tenu note de cette déclaration. A l'expiration du délai fixé par la dite déclaration, si la réserve est temporaire, tout paquet d'échantillon déposé sous cachet dans les archives du conseil devra être transmis au Conservatoire des Arts de la ville de Lyon, et les échantillons y-contenus être joints à la collection du Conservatoire.

Art. — 19. — En déposant son échantillon, le fabricant acquittera entre les mains du receveur de la commune une indemnité qui sera réglée par le conseil des prud'hommes, et ne pourra excéder 1 franc pour chacune des années pendant lesquelles il voudra conserver la propriété exclusive de son dessin, et sera de 10 francs pour la propriété perpétuelle.

Art. 34. — Il pourra être établi par un règlement d'administration publique, délibéré en Conseil d'État, un conseil de prud'hommes dans les villes de fabrique où le gouvernement le jugera convenable.

Ordonnance du Roi du 17 août 1825.

ARTICLE PREMIER. — Le dépôt des échantillons de dessins qui doit être fait, conformément à l'article 15 de la loi du 18 mars 1806, aux archives des conseils de prud'hommes, pour les fabriques situées dans le ressort de ces conseils, sera reçu, pour toutes les fabriques situées hors du ressort d'un conseil de prud'hommes, au greffe du tribunal de commerce ou au greffe du tribunal de première instance, dans les arrondissements où les tribunaux civils exerceront la juridiction des tribunaux de commerce.

ART. 2. — Ce dépôt se fera dans les formes prescrites pour le même dépôt aux archives des conseils de prud'hommes par les articles 15, 16 et 18 de la loi du 18 mars 1806. Il sera reçu gratuitement, sauf le droit du greffier pour la délivrance du certificat constatant le dépôt.

Nous avons toujours protesté contre l'application de cette loi et lui avons préféré notre loi de 1793, d'abord parce que la loi de 1806 n'ayant pas été faite pour nous, nous protège moins bien que la loi de 1793, ensuite parce que ceux qui l'ont revendiquée en notre faveur sont les partisans d'une théorie que nous combattons : « L'art finit ou l'industrie commence »; et enfin parce que les jugements qui ont été rendus en application de cette loi de 1806 n'ont servi pour la plupart qu'à créer l'indécision contre laquelle nous avons encore à lutter.

La loi de 1806 a été faite pour donner aux fabricants de Lyon un moyen pratique d'établir, en cas de contestation et en présence d'un tissu présentant un aspect nouveau, quel était le fabricant qui avait le premier revendiqué la propriété de cette invention.

Ce n'était, à la réalité, que le règlement à suivre pour déposer des échantillons de tissus de façon à établir la priorité de date.

Il est regrettable que, plus de trente ans après sa

2

promulgation, on ait cherché à appliquer cette loi à notre industrie qui prospérait sous la seule protection de la loi de 1793.

Cette loi n'a pas été faite pour nous. — Il est évident que les législateurs qui, en 1806, ont prescrit à l'art. 15 d'une loi de déposer « un échantillon plié sous enveloppe » n'avaient pas en vue les reproductions de la sculpture, ni nos éditions en bronze, fonte de fer, zinc ou argent.

Ils n'avaient du reste pas à s'occuper de nous dans cette loi de 1806, puisque dans leur esprit nous étions protégés par la loi de 1793. Ce sont eux ou leurs contemporains qui, lors de la confection du Code Pénal de 1810, lequel se réfère à la loi de 1793, ont dit à l'art 425 : « Toute édition d'écrits, de composition musicale, de dessin, de peinture *ou de toute autre production*, etc. »

Et à l'art 427 : « Les moules des objets contrefaits seront aussi confisqués. » Ceci n'indique-t-il pas suffisamment que dans leur esprit les reproductions de la sculpture étaient sous le couvert de la loi qui protège les reproductions des œuvres artistiques ou littéraires ? La logique nous défend du reste d'admettre qu'un art aussi ancien et aussi connu que la sculpture et des industries qui en 1702, en 1730, en 1766 obtenaient les arrêts ou règlements que nous avons cités, aient pu se laisser oublier par les législateurs de 1793 et 1806.

Non-seulement à cette époque, mais pendant de longues années encore, la jurisprudence était constante, elle nous appliquait toujours la loi de 1793 et personne ne songeait à nous parler de la loi de 1806.

On nous concèdera que les magistrats d'alors connaissaient l'esprit de ces deux lois qui venaient d'être discutées et votées ; ils en étaient pour ainsi dire les contemporains.

Revenant à l'art. 15 de cette loi qui prescrit le dépôt, nous devons à la vérité de dire que les tribunaux qui ont voulu nous appliquer quand même cette loi de 1806, ont dû admettre qu'un dessin assez précis et assez détaillé pour spécialiser le modèle et lui donner un cachet individuel pouvait remplacer l'échantillon.

Le dépôt préalable n'est pas facilement applicable à l'industrie du bronze. — Mais c'est justement cette obligation du dépôt préalable qui nous gêne le plus dans la loi de 1806.

Cette formalité a pu être prescrite sans inconvénient pour l'industrie des tissus qui la réclamait, dont la plupart des modèles suivant la mode changent avec les saisons et qui, de plus, ont cet avantage de servir de point de départ à des débits importants.

Mais il n'en est pas de même dans nos industries. Dans le bronze, par exemple, il faut plusieurs années pour rentrer dans les frais que nous coûtent nos modèles; ils forment le fond de nos maisons, nous nous les transmettons de père en fils.

Or, après avoir compté sur les jugements rendus en vertu de la loi de 1793 qui n'exigeaient pas de nous le dépôt préalable, il nous est impossible d'accepter **sans mesure transitoire** que nos modèles, déposés avant la mise en vente, seront seuls défendables en justice. Ce serait accepter de compromettre la valeur de tous ceux qui n'ont pas été déposés, c'est-à-dire du plus grand nombre.

Différents auteurs, et parmi eux des maîtres en l'art de nous défendre, MM. Pouillet et Dalloz, prétendent qu'en vertu de la loi de 1806, la mise en vente avant le dépôt n'emporte pas déchéance parce que le dépôt ne crée pas la propriété: il ne fait que l'enregistrer. Le droit privatif prenant sa source dans l'invention même, la formalité du dépôt donne seulement ouverture au droit de poursuite et ne peut être dès lors imposée que le jour où le fabricant veut se mettre en mesure de revendiquer ses droits en justice.

Mais tous les jurisconsultes ne sont pas de cet avis, il en est qui estiment au contraire que le dépôt prescrit par la loi de 1806 serait une formalité inutile s'il pouvait être fait après la mise en vente ; qu'il ne constituerait plus ni un mode de preuve, ni une constatation de priorité. Et plusieurs jugements rendus en ce sens nous ont dépouillés de notre propriété et sont venus nous faire penser qu'il était prudent de ne compter sur la loi de 1806 qu'en vertu du dépôt préalable.

Si une mesure transitoire nous était offerte nous pourrions à la rigueur admettre le dépôt pour des statuettes ou des pièces qui seront toujours éditées, à très peu de modifications près, telles qu'elles sont livrées par les artistes ; mais comment ferons-nous lorsqu'il s'agira de ce nombre illimité de compositions qu'un artiste industriel sait produire avec les mille fragments d'ornements et de figures dont se composent les modèles d'une fabrique. Or, ce sont précisément ces compositions d'ornements qui le plus souvent sont rejetées sous le couvert de la loi de 1806.

En pratique, ne sachant pas d'avance, c'est-à-dire lors des premières livraisons, quelles sont celles de ces compositions que le goût du public approuvera et qui deviendront la souche féconde d'une utile et nombreuse reproduction, il nous faudra effectuer le dépôt de toutes nos productions. Est-ce possible ?

Cette obligation, admise chez nous, nous force à accepter sans protestation aucune la même obligation lorsqu'elle nous est imposée par l'étranger, lequel s'empresse d'adopter une mesure qui nous crée des difficultés.

On nous dit que les formalités pour chaque dépôt

sont simples et peu coûteuses tant en France qu'à l'étranger. Mais on ne tient pas compte que s'il nous est possible d'effectuer nous-mêmes notre dépôt au greffe du tribunal de commerce à Paris, nous devons avoir recours à des correspondants ou à des agences spéciales pour faire remplir les mêmes formalités dans les principaux pays où nous pouvons craindre de voir apparaître des contrefaçons, et que ces intermédiaires coûtent fort cher.

Nous avons fait un calcul approximatif, et nous avons trouvé que si nous voulions régulariser de la sorte la situation d'une seule de nos livraisons ou d'un seul de nos modèles, il nous faudrait dépenser près de 1500 francs !

A ces objections nous ajoutons celles soulevées par la pétition (1) adressée au Sénat le 24 mars 1866, par la Réunion des Fabricants de Bronzes qui protestait déjà énergiquement contre l'application de la loi de 1806 et la formalité du dépôt préalable. En voici quelques extraits :

Cette jurisprudence, qui a souvent varié, mais qui tend à se confirmer, a produit, comme on le voit, les résultats les plus contradictoires, et dans certains cas bien regrettables.

Jamais assurément le législateur n'a songé à soumettre la sculpture d'art à la nécessité du dépôt.

Pour tout esprit pratique, la sculpture industrielle ne peut pas non plus supporter le régime du dépôt, tant à cause du volume de certains objets, que de l'innombrable variété des modèles et aussi des différents usages qu'on peut en faire.

---

(1) Cette pétition, rédigée par M. E. Rigaud, avocat à la Cour de cassation, alors conseil en titre de la Société, était signée par F. Barbedienne, Boyer aîné, Delafontaine, Lemerle-Charpentier, Victor Paillard, Renauld et Schlossmacher, fabricants de bronzes; P. Christofle, L. Figaret et Poussielgue-Rusand, orfèvres; Barbezat (usine du Val-d'Osne), fonte de fer.

La Société dans l'assemblée générale tenue le 12 mars 1866, en a voté à l'unanimité et par acclamation l'envoi au Sénat.

Ainsi un meuble, un lustre, un vase, un candélabre, se composent souvent d'un grand nombre d'ornements qui, pris séparément, servent à d'autres usages, et le seul fait de savoir à l'aide de modifications et d'arrangements faire un nouveau modèle avec des ornements déjà utilisés, constitue à nos yeux un art véritable qui peut être assimilé, comme principe, à l'art de Piranesi, composant avec des débris de l'antiquité un candélabre devenu célèbre.

. . . .

Ces divers exemples seulement suffisent à démontrer l'impossibilité du dépôt, qui d'ailleurs deviendrait une charge écrasante pour le producteur et n'aurait souvent d'autre effet que *de limiter la production.*

On a bien pensé au dessin ou à la photographie.

Mais le dépôt, par ces deux moyens, est encore insuffisant et impraticable.

Pour un objet de ronde-bosse, le dessin et la photographie ne peuvent donner que le premier plan de l'une des faces ; et d'ailleurs ils ne donnent ni la couleur générale de la sculpture, ni la qualité, ni l'esprit du modelé, ni la hauteur exacte des reliefs, ni les combinaisons des lignes et des ornements qui se trouvent dans l'intérieur d'un lustre, sur le revers d'une coupe, sur les côtés et le derrière d'une pendule, etc., etc.

(Disons que la contrefaçon s'exerce sur tout ou partie d'un objet.)

Et, tout défectueux que soit le mode de dépôt par le dessin, il deviendrait encore une cause de dépense et de temps perdu, ruineuse pour le fabricant.

Dans l'état actuel des choses, pour s'abriter sous la protection du dépôt, soit par la forme identique du modèle, soit par le dessin, il est tels établissements qui devraient consacrer des années à ce travail et faire des sacrifices pécuniaires considérables.

. . . .

Le dépôt d'un exemplaire identique au modèle est de toute impossibilité ;

Le dépôt par le dessin et même par la photographie est insuffisant, dispendieux, et peut dans bien des cas devenir une cause d'incertitude et d'erreur pour la justice.

On a vu un contrefacteur plus diligent que l'auteur du modèle se défendre devant la justice par la seule présentation de son bulletin de dépôt, et malgré l'évidence faite pour le tribunal comme pour tout le monde, le contrefacteur sortir victorieux du débat judiciaire.

Cette même jurisprudence, dont nous demandons la réforme, a exclu du bénéfice de la loi de 1793 des œuvres d'art de l'ordre le plus élevé et le plus utile à l'enseignement, malgré leur perfection consacrée.

. . . .

De telle sorte que, dans la confusion où ces questions sont tombées, les fabricants et auteurs de modèles n'ont véritablement aujourd'hui, pour garantir leur propriété, que la probité publique et le sentiment général que les lois inspirent pour le respect de ce qui appartient à autrui.

Dans cette situation précaire, un pirate de l'industrie surgissant au milieu de nous pourrait, sans aucun risque, mettre au pillage nos propriétés et par conséquent nos fortunes.

A moins que l'excès du désordre n'amène une réaction salutaire en faveur du droit méconnu.

C'est avec la conviction profonde de venir en aide à la justice que les soussignés demandent une loi spéciale, et surtout la suppression du dépôt obligatoire.

. . . .

La Réunion des Fabricants de Bronzes, Société créée depuis quarante-huit ans pour protéger et défendre le droit de propriété des modèles de chacun de ses membres, vient, comme représentant l'une des branches les plus importantes de l'industrie française, demander au Sénat de vouloir bien intercéder pour qu'une disposition législative expresse consacre le droit de la propriété industrielle, qu'elle reconnaisse ce droit à toute création, à toute application des arts à l'industrie la plus relevée, comme à l'industrie la plus vulgaire.

On objectera peut-être que dans l'art industriel trop de productions futiles ou éphémères ne méritent pas une protection légale ; mais, en restant dans la vérité, nous répondrons que toute œuvre qui excite l'envie ou la cupidité du contrefacteur, par cela même, mérite et appelle la sauvegarde des lois.

Les pétitionnaires demandent surtout que le dépôt des

modèles ou des dessins ne soit pas considéré comme une condition indispensable du droit de propriété, mais seulement *comme un moyen facultatif* de preuve, en laissant à l'auteur du modèle le soin de prouver sa propriété par les moyens tirés du droit commun, et aux tribunaux à juger le mérite des preuves.

. . . .

Les arts et l'industrie sont si étroitement liés et ont tant d'affinités communes, ils sont si souvent inséparables, qu'ils ont besoin de vivre sous une seule et même loi; les plus grands artistes de nos jours sont en même temps des artistes industriels; c'est l'industrie qui fait de plus en plus le budget des beaux-arts; c'est l'industrie qui en multiplie les œuvres et les répand dans le monde entier, et le double intérêt qui les unit dans toutes les phases de leurs travaux appelle sur eux une seule et même protection.

. . . .

L'industrie artistique est une des belles manifestations du génie français; c'est surtout par elle que la France est placée au premier rang des nations industrielles; elle est incontestablement une des causes de la prospérité commerciale de notre pays, comme elle peut devenir, et elle deviendra, une de ses gloires.

La grande Exposition de 1867 va donner un nouvel élan à ces productions; mais afin de stimuler le zèle et le travail des producteurs, afin de les déterminer à avancer des sommes considérables pour la création et la composition des modèles, il est nécessaire que leur œuvre soit expressément protégée par une loi, et qu'elle ne soit pas exposée, alors surtout qu'elle se montrera à tous, à devenir la proie des contrefacteurs français ou étrangers, pour la simple omission de la formalité d'un dépôt souvent impossible, toujours insuffisant, et que d'ailleurs aucune loi n'a imposé expressément à la sculpture industrielle.

. . . .

Tout auteur d'un travail quelconque dans l'art industriel est de droit propriétaire de son œuvre, d'abord parce qu'elle est son fait propre, ensuite par ce qu'il en est seul responsable.

Les plus saines notions de l'équité et de la justice veulent que ce soit *l'invention et la création qui constituent la propriété ;*

Et que le dépôt ou toute autre mesure de police ou d'administration ne puisse, dans aucun cas, altérer ce principe fondamental.

Nous sommes en 1889, à la veille de l'Exposition ; il y a vingt-deux ans que cette pétition a été remise ; depuis, nous n'avons cessé de réclamer !

Comme le prévoyaient si judicieusement nos prédécesseurs, cette situation précaire se prolongeant outre mesure, les pirates de l'industrie ont surgi au milieu de nous pour mettre au pillage nos propriétés. Mais, fort heureusement aussi, l'excès du mal a amené une réaction salutaire, et après avoir cité des jugements qui nous l'espérons, seront les derniers de ce genre, rendus en vertu de la loi de 1806, nous allons avoir la satisfaction de montrer nos tribunaux revenus à l'application de la loi de 1793.

APPLICATION DE LA LOI DE 1806

Il a été jugé (1) :

Paris, 12 mars 1870. — Un objet sculpté, mais ayant un but industriel et destiné à être reproduit indéfiniment par le moulage, doit être rangé dans la catégorie des dessins et modèles de fabrique : spécialement, si des produits industriels tels que encriers, pelotes et poudrières, peuvent à raison de leurs formes et des ornements particuliers qui les distinguent, constituer une propriété privée, c'est à titre de modèles de fabrique et non d'œuvres d'art ; mais la propriété exclusive ne peut en être revendiquée qu'autant qu'ils ont fait l'objet d'un dépôt préalable au conseil des prud'hommes, soit en nature, soit en dessin, conformément à la loi du 18 mars 1806.

---

(1) *Traité des dessins et modèles de fabrique,* par E. Pouillet.

Paris, 30 mai 1877. — Tribunal civil de la Seine. — Un modèle créé dans un but industriel, quel que soit son mérite, doit être rangé dans la catégorie des dessins de fabrique, et, dès lors, n'est protégé qu'autant qu'il a été préalablement déposé au conseil des prud'hommes : spécialement, il en est ainsi d'un objet en bronze, tel qu'une lanterne d'antichambre.

7 mars 1879. — Tribunal civil de Charleville — La protection accordée par la loi du 19 juillet 1793 à la propriété des ouvrages de littérature ou de gravure, ou de toute autre production de l'esprit ou du génie, qui appartient aux beaux-arts, ne peut être étendue à des objets qui, tels que des galeries de foyer en cuivre poli, *sans figures ni ornements sculptés ne présentent dans leurs formes aucune originalité* et constituent de simples produits industriels ; les modèles de fabrique, qu'ils se rattachent ou non à la sculpture industrielle, sont régis, à défaut d'une loi spéciale, par la loi du 18 mars 1806 et sont, par suite, soumis à l'obligation du dépôt exigé par l'article 15 de cette loi ; ce dépôt, d'ailleurs, pouvant être effectué sous forme d'esquisse, à défaut de l'exemplaire de l'œuvre elle-même.

N'y a-t-il pas lieu, en méditant cet arrêt (7 mars 1879), de craindre que dans ces dernières années, pendant lesquelles nous nous plaignions de la jurisprudence, plusieurs de nos confrères n'aient voulu aller trop loin dans l'application de la loi de 1793, qu'ils n'aient chargé les tribunaux d'affaires dans lesquelles les produits présentés n'offraient aucun caractère artistique, aucune originalité, et qu'ils n'aient de cette façon indisposé les juges, au point de les tourner absolument contre nous ?

En tous cas, les mauvais précédents une fois établis rendent l'action en justice très difficile. Les juges, à défaut de lois précises, tiennent trop souvent grand compte des derniers arrêts.

Nous voulons croire que nous devons à cette raison un des jugements les plus importants en l'espèce :

L'arrêt Pautrot-Vallon. — En fait, il s'agissait d'oiseaux et d'un chien dont les modèles avaient été sculptés par Ferdinand Pautrot, oncle de celui cité dans l'arrêt. Quelques-uns de ces modèles avaient été admis au Salon des Beaux-Arts.

Des oiseaux et animaux en bronze colorié furent introduits en France et vendus en très grande quantité par un importateur allemand. Ces objets étaient de fabrication viennoise. Leur aspect était nouveau par le fait du coloris, mais beaucoup d'entre eux étaient surmoulés sur des modèles de fabrication française, et plus particulièrement sur ceux appartenant à Pautrot-Vallon, héritier et successeur de Pautrot oncle.

Les contrefaçons furent saisies chez un dépositaire, B..., et le procès fait contre ce dernier.

Ici les modèles ne pouvaient être que très difficilement contestés comme modèles artistiques, ils avaient été admis comme tels, pour entrer au Salon annuel, par un jury spécial composé de peintres et de sculpteurs, dont la compétence au point de vue artistique ne pouvait être contestée.

La contrefaçon était indiscutable; les objets avaient été surmoulés. La Réunion des Fabricants de Bronzes s'intéressa à ce procès; mais, le 27 novembre 1877, le Tribunal civil de la Seine rendit le jugement suivant :

Attendu que, si les modèles dont les demandeurs revendiquent la propriété peuvent être considérés, selon les expressions de la loi des 19-24 juillet 1793, comme des productions de l'esprit et du génie, il ne s'ensuit pas nécessairement que les demandeurs puissent réclamer les privilèges accordés, tant par cette loi que celles subséquentes, aux auteurs, compositeurs ou artistes ;

Attendu que, pour qu'il y ait lieu à l'application de la loi de 1793, il faut que les œuvres pour lesquelles on en réclame le bénéfice « appartiennent aux beaux-arts », c'est-à-dire qu'elles procèdent d'une inspiration qui saisisse l'esprit comme

les yeux ; que, par elles-mêmes et indépendamment de toute
alliance avec d'autres objets, elles deviennent pour le public
la source de jouissances intellectuelles ;

Attendu que tel n'est pas le caractère des produits sortis
de l'atelier de Pautrot ; que ces produits consistent dans des
multiplications opérées par surmoulages des modèles originaires et livrés par grandes quantités au commerce pour des
destinations industrielles ; qu'ils se présentent comme simples
accessoires d'objets usuels, tels que des encriers, des coupes,
des plateaux, etc., et avec une importance purement décora-
tive ; que si certains d'entre eux, comme le groupe des *deux
roitelets* et le *chien terrier* compris dans la saisie, se montrent
comme objets indépendants, ils n'échappent point pour cela
aux emplois courants de la vie ordinaire et ne sortent point de
ce qu'on appelle « fournitures de bureau » ou « objets d'étagère » ;

Attendu, par conséquent, que ces produits ne peuvent être
élevés à la dignité d'objets d'art, etc.....

En appel, le jugement fut confirmé.

Attendu, disait cet arrêt, que le caractère dominant de la
situation des demandeurs et des produits qu'ils émettent est
le caractère commercial ; que ces produits sont pour eux des
marchandises, des articles de vente ; que si ces articles
présentent un cachet artistique, ce cachet peut en élever le
prix sans en changer la nature.....

Et plus loin :

Considérant, en effet, que le droit privatif à la propriété des
modèles, avant la fabrication, n'est nullement justifié par
Pautrot et Vallon, mais seulement allégué et prétendu par
eux, à l'aide de certificats, tous postérieurs à la date de la
saisie, etc.....

D'après ce dernier considérant, les titres de propriété
étaient insuffisants. Il n'avait pas été établi d'une façon
bien nette et bien précise que Pautrot et Vallon avaient
seuls le droit de revendiquer la propriété exclusive
des œuvres de Ferdinand Pautrot avec droits de reproduction.

Ne pouvons-nous pas craindre que le manque de précision dans les titres de propriété ne soit une des causes déterminantes de ce jugement qui fut si préjudiciable à nos intérêts ?

L'affaire fût menée en cassation.

Devant la Chambre des requêtes on obtint un très remarquable rapport de M. le conseiller Babinet, dont nous ne pouvons nous empêcher d'extraire les passages suivants (1), parce qu'ils sont une excellente plaidoirie en faveur de la cause que nous défendons :

« Est-il vrai que l'art finisse là où commence l'industrie ?

« En droit, un pareil principe a-t-il jamais été proclamé par le législateur et adopté par la jurisprudence ? On peut sans doute contester qu'en 1793 on eut eu une vue bien nette des applications qui seraient faites de la loi, mais ce n'est pas un motif pour en restreindre la portée par des exigences qui n'y sont point insérées. Elle protège, non pas seulement le génie, mais les simples productions de l'esprit, pourvu qu'elles appartiennent aux beaux-arts. On n'a jamais douté que la peinture et la sculpture en général rentrent dans cette catégorie. On aurait pu en douter pour la photographie, à raison du côté matériel de la reproduction d'une personne vivante ou d'un objet étranger à l'invention du créateur, mais vous avez fait participer les œuvres photographiques à la protection de la loi de 1793, par les arrêts de la Chambre criminelle du 28 novembre 1862, etc.

« Il n'est contesté par personne que le droit privilégié à l'œuvre elle-même s'étende en principe aux reproductions. Cette multiplication des exemplaires de la production de l'esprit ou du génie aura lieu pour les écrits par l'impression, pour les photographies par des tirages successifs sur un cliché conservé, pour la sculpture par le surmoulage ou par les procédés de Sauvage et Collas. Évidemment il importe peu que tel ou tel mode de reproduction soit employé; il en est de spéciaux à telle ou telle branche des beaux-arts ; il en est d'autres qui, comme la gravure et la photographie, constituent

---

(1) *Recueil des lois et arrêts,* de Sirey, 7ᵉ cahier, 1883.

tantôt une œuvre originale, tantôt un simple procédé de reproduction d'un original appartenant à une autre branche, comme un tableau, une fresque, etc., etc. Le nombre des exemplaires de la sculpture privilégiée reproduite par un procédé quelconque n'a pas plus de rôle à jouer dans l'application de la loi, que le nombre des éditions d'un livre ou d'une partition musicale, ou que le nombre des exemplaires d'une édition. La reproduction, la multiplication des exemplaires ne peuvent avoir qu'un but : c'est un avantage, un profit pécuniaire pour l'auteur, ou le créateur, ou ses héritiers. Ce profit est légitime et respectable au plus haut degré. Pour le réaliser, notamment dans l'application à la sculpture de l'art du bronzier, il y a deux procédés usuels, la réduction et l'association à des objets d'un usage universel. Par le premier, la statue de grandeur naturelle ou surhumaine, devient une figurine diminutive, sans cesser d'être un objet d'art. Qui donc hésiterait à qualifier ainsi les ravissantes terres cuites de Zanagra, parce que leur place est sur une étagère, tandis que la *Vénus de Milo* a besoin d'un socle, ou que les statues de Pradier réclament le piédestal d'une fontaine? Qui donc méconnaîtrait l'art de Barye dans le modèle de son lion, parce qu'il serait réduit à quelques centimètres ? Les bustes de tous nos grands hommes ne tirent pas leur valeur artistique de leurs proportions soit exagérées, soit restreintes. C'est un véritable progrès des beaux-arts et du goût qui les accueille et les favorise, que la vulgarisation de tant de figurines qui reproduisent les chefs-d'œuvre et les rendent accessibles à tous, en permettant d'en accumuler les spécimens sur les meubles de nos salons. Il n'y a là ni avilissement, ni perte de caste ou dérogation de noblesse, ni exception à la protection de la loi de 1793.

. . . .

« ... Admettre la doctrine que l'art finit où commence l'industrie, au point de vue de la loi de 1793, ce serait porter un coup mortel à l'art de la bronzerie qui a illustré, sinon enrichi, les Susse, les Barbedienne, et tant d'autres bronziers parisiens, leurs rivaux ou leurs émules. Et si l'on redoute l'extension illimitée de la protection de la loi de 1793, nous répondrons qu'en effet, et heureusement pour l'humanité, le domaine de l'art est illimité, et que tout ce qui lui appartient, à quelque degré que ce puisse être, est également couvert par le privilège consacré au profit de l'auteur et de ses héritiers par la sagesse de la loi... »

. . . .

Conformément aux conclusions de ce très remarquable rapport, la Chambre des requêtes a admis le pourvoi.

Mais la Cour de Cassation s'est trouvée dans l'impossibilité de casser l'arrêt.

Et elle a dû dire, le 17 janvier 1882 :

La Cour, sur le moyen unique de pourvoi :

Attendu que l'arrêt attaqué a décidé, par une appréciation souveraine du fait, qui était dans son droit, que les bronzes faisant l'objet de la réclamation des appelants ne constituaient pas une œuvre d'art proprement dite, et ne se trouvaient pas avoir été protégés par la loi du 19-24 juillet 1793 ;

. . . .

Attendu, dès lors, qu'en repoussant par ces considérations l'action des demandeurs, l'arrêt attaqué a satisfait pleinement aux prescriptions de la loi, et n'a violé aucune disposition visée par le pourvoi, rejette, etc.

La haute Cour pouvait difficilement juger autrement, l'appréciation des juges du fait étant souveraine, et la Cour d'appel ayant décidé en fait que les œuvres présentées n'étaient pas artistiques, il devenait difficile de faire déclarer le contraire et d'obtenir la cassation de ce jugement.

Le résultat de cet arrêt Pautrot-Vallon fut le discrédit jeté sur tous les modèles du fabricant français et sa ruine complète au profit de l'importateur étranger, qui est actuellement dans une situation prospère et continue à livrer ces mêmes objets aux magasins de nouveautés.

En outre, nous ne craignons pas d'avouer que ces jugements, rendus en application de la loi de 1806, et

plus spécialement ce dernier et fâcheux précédent (1).
vinrent un instant jeter le découragement parmi nous,
au point que le 22 octobre 1884, dans la crainte d'atta-
cher une fois de plus son nom à un procès susceptible
d'être perdu, le Bureau de la Réunion des Fabricants de
Bronzes refusait jusqu'à son appui moral à l'un de nos
sociétaires, M. S..., qui offrait cependant d'essayer à ses
frais de contrecarrer le mauvais effet produit par le
jugement Pautrot-Vallon.

Il s'agissait de presse-papiers en bronze, et les produits de S... consistaient dans des multiplications opérées par surmoulages des modèles originaires pour des
destinations industrielles. Espèce absolument identique
à celle de Pautrot-Vallon.

Le contrefacteur B..., ex-façonnier de S..., avait
copié l'aspect général des œuvres appartenant à S...
pour établir une concurrence commerciale.

Le plaignant s'était armé de nombreuses attestations
d'artistes et d'industriels qui, toutes, protestaient contre
la jurisprudence généralement suivie. De plus, il atta-
quait avec des titres de propriété parfaitement en règle,
il établissait avec soin ce qui constituait la nouveauté
des œuvres qu'il présentait au Tribunal et démontrait
le mauvais esprit de son adversaire B..., qui, à titre de
façonnier, avait eu en mains les modèles des diverses
pièces contrefaites.

L'avocat de S..., Me Desjardins, après avoir été
initié à notre métier, fit comprendre au Tribunal que
l'industrie du bronzier n'était pas aussi mécanique
que le laissaient supposer les jugements rendus contre
nous.

Il expliqua aux juges qu'à chaque exemplaire cor-
respondait un nouveau moule, leur fit voir ce qu'était

____

(1) Il avait coûté 2.752 francs à notre Société. (Rapport de
M. Barbedienne. Assemblée générale du 27 mars 1882.)

un modèle et fit passer un surmoulé sortant de la fonderie avec ses jets, ses coutures, ses coupes et ses défauts, pour leur bien prouver que le moulage n'est qu'une fraction de notre travail (1).

Il montra le vrai fabricant de bronzes, collaborateur de l'artiste, lui soumettant, à l'aide de croquis, des idées nouvelles susceptibles de plaire au public acheteur; le guidant pendant la sculpture afin d'arriver au meilleur résultat possible lors de la reproduction en bronze; dessinant les profils ou les plans des parties non fournies par le sculpteur; s'ingéniant à trouver des moyens de monture, des manières de ciseler, des décors, des tons de marbre, etc.; distribuant la besogne à ses ouvriers ou façonniers en tenant compte des aptitudes de chacun et en les guidant avec la préoccupation constante d'obtenir l'effet d'ensemble désiré par l'artiste créateur de l'œuvre.

RETOUR A L'APPLICATION DE LA LOI
DE 1793

Le 31 janvier 1884, la 11e Chambre correctionnelle rendit le jugement dont nous détachons les paragraphes suivants :

Attendu que les trois œuvres en bronze et marbre sur lesquelles Soleau réclame un droit privatif à son profit et

---

(1) On nous dit : que le moulage à la cire perdue, actuellement en vogue, tend à diminuer le rôle du fabricant de bronzes. Nous répondrons, tout d'abord, que l'éditeur qui tire à l'aide de machines les épreuves d'une gravure a ses produits protégés par la loi de 1793, et qu'il serait injuste de nous refuser cette même protection quand bien même ce procédé perfectionné ne nous laisserait rien à faire. Mais tel n'est pas le cas. Si, théoriquement, le moulage à la cire perdue supprime une partie de notre besogne, la monture et la ciselure, en pratique le monteur et le ciseleur sont souvent appelés à réparer des défauts de fonte, travail qui devient très difficile lorsque ces défauts se présentent sur le masque d'une figure ou la partie importante d'une sculpture.

dénommées par lui les « *Enfants grimpeurs*, l'*Enfant Pousse-Amphore* et les *Enfants porteurs* », ne sauraient rentrer par leur seule destination ou affectation dans la catégorie des produits purement industriels ;

Attendu qu'elles constituent, au contraire, par la disposition et la combinaison des éléments qui les composent et par leur caractère intrinsèque, des productions de l'esprit appartenant aux beaux-arts et protégées par la loi du 19 juillet 1793 ;

Mais attendu que les vases de marbre en forme de carafe alcarazas, de gourde et d'amphore qui forment un des éléments de chacune des œuvres dont s'agit, sont dans le domaine public et qu'il n'y a pas eu surmoulage de ces objets par B.. ;

Attendu qu'en outre, les figurines d'enfants en bronze qui, agencées avec les vases de marbre, donnent naissance à un ensemble artistique constituant la partie essentielle des œuvres ayant donné lieu au litige et à la citation ;

Attendu qu'il résulte de l'examen des produits respectifs de Soleau et de B..., que les statuettes en bronze de B... se distinguent sensiblement, par la pose et l'attitude, des statuettes créées par Soleau dans les trois objets d'art mentionnés plus haut, et que ces différences de pose, d'attitude et d'expression, facilement appréciables, font de chaque modèle différent *une œuvre personnelle et spéciale* (suivent les différences établies pour chaque pièce) ;

Attendu qu'en conséquence s'il y a eu *identité de sujet traité*, il n'y a pas eu copie de Soleau par B..., et que si les agissements de B..., employé autrefois comme façonnier par Soleau, *peuvent être blâmables* au point de vue commercial, il n'y a pas eu de sa part contrefaçon totale ou partielle. Par ces motifs, renvoie B... des fins de la citation, etc., etc. (1).

Cet arrêt, qui se contentait d'un blâme à l'adresse de B..., n'en contenait pas moins un retour à l'ancienne doctrine.

---

(1) Plaidants : M⁰ Combes pour B... — M⁰ Desjardin pour Soleau.

M⁰ Combes est l'avocat qui a plaidé le fameux procès des héritiers Pradier contre Susse frères.

Vis-à-vis de B..., S... n'avait pas gagné son procès ; mais il est évident qu'au point de vue de l'intérêt général, il ne l'avait pas perdu. La loi de 1793 lui avait été appliquée en 1re instance contradictoirement à l'arrêt Pautrot-Vallon.

C'est surtout dans ce but d'intérêt général que l'affaire B... fut menée par S... devant la Cour d'appel.

Cette fois, le bureau de la Réunion vint ajouter sa protestation à celle des artistes et industriels qui, en 1re instance, avaient bien voulu donner leur appui moral à S...

La Cour confirma purement et simplement l'arrêt de la 11e Chambre correctionnelle. (Cour de Paris, 26 octobre 1885.)

Le but visé était donc en partie atteint ; la Cour confirmait l'application de la loi de 1793 à des objets de bronze obtenus par voie de surmoulage.

Entre temps, S... poursuivait devant ce même tribunal correctionnel de première instance, en vertu de la même loi et pour un fait absolument semblable, un deuxième contrefacteur, D...

Il s'agissait aussi de presse-papiers composés de formes appartenant au domaine public et agencées avec des enfants en bronze. Comme dans l'affaire B..., l'aspect général seul avait été copié pour établir une concurrence commerciale ; les détails avaient été modifiés. La première affaire B... servit de précédent à S..., et cette fois il obtint, non seulement la protection de la loi de 1793, mais aussi la condamnation du contrefacteur et un arrêt excellent (10e Ch. cor., Paris, 19 mai 1885) :

Attendu, disait cet arrêt, que Soleau, fabricant de bronzes d'art, agissant en vertu de la loi du 24 juillet 1793, soutient avoir un droit privatif sur deux sujets en bronze par lui dénommés l'*Enfant à la gourde* et l'*Enfant couché* ou l'*Amour cymbalier*, et a assigné devant ce tribunal D..., son ancien employé, comme contrefacteur ;

Attendu qu'il est certain que Soleau est le cessionnaire régulier des deux statuettes dont s'agit ;

Attendu que le défendeur n'a pu utilement établir, ainsi qu'il l'avait articulé à l'audience, que l'une de ces statuettes au moins était la reproduction d'une œuvre du sculpteur Clodion ;

Attendu que D... s'est, en réalité, borné à opposer une fin de non-recevoir en prétendant que les sujets litigieux, ayant un caractère industriel, n'étaient pas protégés par la loi de 1793, qui ne s'occupe que des œuvres d'art, et que la formalité du dépôt, exigée par la loi de 1806, seule applicable, n'ayant pas été remplie, l'action du demandeur était sans effet ;

Attendu qu'il appartient au tribunal d'examiner si les deux sujets litigieux offrent le caractère artistique qui permet de les placer sous la protection de la loi de 1793 ;

Attendu que ce caractère résulte au plus haut degré de l'aspect présenté par les objets déposés sur le bureau du tribunal ;

Qu'en effet, et sans qu'il convienne d'analyser dans son ensemble et dans ses détails la valeur esthétique de l'*Enfant à la gourde* et de l'*Enfant couché*, il est certain qu'on se trouve en présence d'une œuvre artistique :

Attendu, il est vrai, que les statuettes dont s'agit sont désignées comme statuettes presse-papiers, mais que cette adaptation d'une œuvre d'art à un objet faisant partie du mobilier des bureaux ne peut en aucune façon enlever à ces statuettes la protection de la loi de 1793 ; que cette protection doit leur rester d'autant plus acquise que, dans l'espèce, le mariage de l'œuvre d'art avec l'objet usuel est tel que la séparation en serait logiquement impossible ;

Attendu que, le droit de propriété privative et exclusive de Soleau étant ainsi établi, il importe de chercher si D... a contrefait ces modèles et s'il est ainsi tombé sous l'application de la loi ;

Attendu que, s'il est certain que les objets prétendus contrefaits ne sont pas la reproduction exacte des deux œuvres appartenant à Soleau, il n'en est pas moins constant que D... les a imités dans leur aspect général et dans leurs détails ;

Attendu que, tout en reconnaissant qu'en matière d'art on

peut traiter un sujet traité par d'autres, utiliser une idée déjà utilisée, c'est à la condition que l'ensemble ne sera pas le même, et surtout que l'aspect général ne sera pas tel qu'il puisse amener une confusion ;

Attendu qu'il suffit de rapprocher les deux modèles de Soleau des objets argués de contrefaçon pour démontrer que la confusion est possible, même pour un regard exercé ; que l'on retrouve dans les objets saisis un aspect absolument identique à celui des modèles du plaignant ; qu'en ce qui concerne l'*Enfant à la gourde*, le vase, l'enfant, les proportions mêmes entre le vase et l'enfant sont les mêmes ; que sans doute il y a quelques modifications dans l'ornementation du vase et que la position de l'enfant n'est pas d'une similitude absolue, mais que ces différences, loin de révéler une création nouvelle, indiquent les préoccupations, chez D..., de modifier l'œuvre de Soleau dans le but unique d'échapper à l'application de la loi pénale ;

Attendu que ce qui vient d'être dit du modèle de l'*Enfant à la gourde* est également applicable au modèle dénommé l'*Enfant couché* ou l'*Amour cymbalier* ; que les différences qui pourraient être signalées n'empêchent pas de reconnaître que la statuette saisie est bien la copie du modèle appartenant à Soleau ; etc.... ;

Attendu, dès lors, que la contrefaçon est constante ;

Par ces motifs,

Déclare D... coupable d'avoir contrefait par reproduction, de mauvaise foi, deux œuvres d'art dont Soleau avait la propriété exclusive, ce qui constitue le délit prévu et puni par les articles 1 et 2 de la loi du 19 juillet 1793 et les articles 426, 427 et 429 du Code pénal ;

Faisant application de ces articles,

Condamne D... à deux cents francs d'amende, et statuant sur la réparation civile,

Attendu que Soleau a éprouvé de ces agissements un préjudice ; que le tribunal a, dès maintenant, dans les documents de la cause, les éléments d'appréciation nécessaire, condamne D..., par toutes les voies de droit *et même par corps*, à payer à Soleau la somme de 500 francs à titre de dommages-intérêts ;

Ordonne, à titre de supplément de dommages-intérêts, l'insertion des motifs et du dispositif du présent jugement dans quatre journaux au choix de Soleau, sans que chaque insertion puisse excéder la somme de deux cents francs;

Condamne D... aux dépens;

Prononce la confiscation des objets saisis (1).

Affaire Lambert contre T... et L... — Enfin un dernier arrêt de la Cour de Paris en date du 25 février 1888.

Il s'agissait de reproductions absolument mécaniques des bas-reliefs reproduits par l'estampage, et vendus 0,60 cent. dans les bazars. Ce procès avait été présenté au Tribunal de commerce, qui s'était déclaré incompétent (2), et ramené devant la huitième chambre du Tribunal correctionnel où il avait été perdu. Lambert avait mal établi ses droits de propriété. Le Tribunal de première instance avait trouvé les reçus irréguliers; ici, comme pour le procès Pautrot et Vallon, les juges ne s'étaient pas contentés de ce considérant, ils avaient ajouté que les objets défendus par Lambert devaient être assimilés aux dessins de fabrique et mis sous le couvert de la loi de 1806, nécessitant le dépôt.

Devant la Cour d'appel, Lambert compléta ses renseignements et régularisa ses titres de propriété. Nous avons alors vu casser le jugement de première instance, et décider:

Considérant que ces petits tableaux qui sont destinés à être

______

(1) Plaidants : Mᵉ Combes pour D..., et Mᵉ Desjardin pour Soleau.

(2) On dit souvent, à tort, que ces sortes d'affaires ne peuvent pas être retenues par le Tribunal de commerce et le présent jugement semble confirmer ce dire. — Nous ne pouvons pas développer ici toutes les raisons à donner pour obtenir la compétence des juges consulaires; mais qu'il nous suffise de citer un précédent : Dans l'affaire Soleau contre B..., le Tribunal de commerce de la Seine s'est reconnu compétent. (Jugement du 6 avril 1886). L'instance était formée en soutenant que l'imitation frauduleuse de nos modèles était une atteinte à notre propriété et constituait le fait de concurrence déloyale.

accrochés pour servir d'ornementation ont une existence propre ; qu'on ne saurait, quel que soit le nombre des exemplaires livrés au commerce et le moyen mécanique employé pour arriver à leur reproduction, considérer ces objets comme modèles de fabrique dans le sens de la loi de 1806 ;

Qu'ils présentent, au contraire, par leur nature, leur destination et leur originalité, et quel que soit le plus ou moins de perfection des exemplaires mis en vente, le caractère d'une œuvre essentiellement artistique dont la propriété est conservée, en dehors de tout dépôt, en vertu de la loi du 19 juillet 1793 ;

Considérant que la contrefaçon, évidemment obtenue par surmoulage des produits de Lambert, est constante ;

Qu'ainsi T... et L... ont de concert commis l'un et l'autre le délit prévu et puni par les articles 1er de la loi précitée de 1793, 427 et 429 du Code pénal ;

Condamne, etc.....

L'affaire fut déférée à la Cour de cassation, mais T... et L... ne tardèrent pas à reconnaître que cet arrêt de la Cour d'appel était difficile à attaquer et ils durent terminer ce procès par un arrêt de désistement du pourvoi en cassation (11 mai 1888).

Nous voici donc revenus sous la protection de la loi de 1793 (1).

La sculpture d'ornement appliquée à l'industrie continuera aussi à être protégée par la loi de 1793. — Il n'y a pas plusieurs sortes d'art. — On nous objectera, peut-être, que les derniers jugements que nous revendiquons s'appliquent tous à de

---

(1) Au moment de donner le bon à tirer de l'*Annuaire*, M. Cain, notre grand artiste animalier, me fait part d'un jugement, que la Société des Artistes français, poursuivant en son nom, vient d'obtenir contre R... frères, contrefacteurs à Florence, et M..., dépositaire, à Paris.

M. Cain édite en bronze ses œuvres et celles de M. Mène. — Certains de ces sujets, dont M. Cain a par conséquent conservé la propriété exclusive, ont été reproduits en albâtre par R... frères.

la sculpture de figure et qu'ils ne tranquillisent pas les propriétaires de modèles d'ornements.

Si nous n'avons pu terminer notre tâche et répondre par des faits à cette dernière objection, cela tient à ce que, pendant cette dernière période, nous n'avons pas eu de contrefaçon d'objets provenant de la sculpture d'ornement se présentant dans les conditions voulues pour être suivie utilement en justice.

Nous attendons que l'occasion s'offre. Et alors nous avons le ferme espoir d'obtenir de nos tribunaux pour la sculpture d'ornement ce que nous avons obtenu pour la sculpture de figure.

La raison se refuse à admettre que les reproductions des œuvres des sculpteurs figuristes, et celles des œuvres des sculpteurs ornemanistes ne soient pas toutes deux sous le couvert de la même loi ?

Quoi, dans une même œuvre composée de figure et d'ornement, une partie pourrait être protégée par la loi de 1793 et l'autre par la loi de 1806 ?

Le même artiste qui est souvent tout à la fois figuriste et ornemaniste, ferait œuvre reconnue artistique dans le premier cas et œuvre secondaire rejetée comme purement industrielle dans le second ?

Ne serait-il pas absurde de soutenir que l'œuvre d'un ornemaniste de grand talent est moins artistique que celle d'un figuriste médiocre !

— M..., dépositaire à Paris, a essayé d'écouler les produits des contrefacteurs italiens.

La saisie a été faite chez M... et l'assignation lancée à la fois contre R... frères, à Florence, et contre M...

R... frères ont répondu à l'assignation et se sont faits défendre à Paris. M... et R... frères ont été condamnés en correctionnelle. Ils ont interjetté appel.

Le 12 mars 1889, la Cour de Paris a confirmé le jugement de 1re instance et a par suite condamné :

R... frères, de Florence, à 500 francs d'amende ; M... dépositaire à Paris, à 300 francs. Tous trois condamnés solidairement à 500 francs de dommages-intérêts envers la partie civile et à l'insertion du jugement dans cinq journaux au choix de Cain.

La raison se refuse aussi à comprendre comment une œuvre pourrait cesser d'être artistique, parce que celui qui la produit chercherait à retirer dans le commerce un bénéfice pécuniaire. Ce serait encourager singulièrement les arts que de refuser à l'artiste le droit d'exploiter son œuvre (1)?

Non, nous sommes convaincus que nous verrons disparaître l'influence de cette école néfaste qui pendant de longues années a cherché à distinguer l'art industriel de l'art proprement dit; et qui, pour essayer d'établir une ligne de démarcation impossible à tracer, en était arrivée à décrier nos produits, à nous placer dans un état d'infériorité que nous ne méritons pas et à porter grand tort à nos industries. En France, pen-

---

(1) C'est guidé par ces mêmes principes que Victor Cousin s'écriait devant la Chambre des Pairs, à qui l'on proposait en 1846, lors de la discussion d'un projet de loi sur notre matière, de distinguer la sculpture artistique et la sculpture industrielle. (*Traité des dessins et modèles de fabrique*, E. Pouillet.)

« Est-ce que, par hasard, la nature des objets d'art est déterminée par la destination arbitraire qu'on leur donne ou par le traité que fait nécessairement l'artiste avec un industriel qu'on appelle un fabricant d'orfèvrerie, de bronze ou de tapisserie? » (*Moniteur*, 1846, p. 425.)

Et dans la même discussion, M. de Barthélemy disait à son tour :

« Diviser dans un modèle ce qui est artistique de ce qui est industriel et faire régir par des lois différentes l'une ou l'autre partie du modèle, cela ne nous avait paru ni juste, ni possible, ni convenable; nous persistons dans le même sentiment. Un modèle de bronze et d'orfèvrerie forme un tout qui demande une égale protection, quelle que soit d'ailleurs la différence de profession des artistes dont les dessins ou les modèles ont contribué à le former.» (*Moniteur*, 1846, p. 425).

V. Hugo, alors pair de France, intervenait en ces termes :

(*Extrait de la note présentée à M. le Ministre des Arts, par M. P. Christofle.*)

« Messieurs, il ne faut pas se dissimuler que c'est un art véritable qui est en question ici. Je ne prétends pas mettre cet art, dans lequel l'industrie entre pour une certaine portion, sur le rang des créations poétiques ou littéraires, créations purement sponta-

dant un certain temps elle nous a fait perdre la protection de la loi ; à l'étranger elle a tourné les lois contre
nous. Les étrangers, en art industriel jalousaient encore
nos succès et étaient tout disposés à ne pas contester
le caractère artistique de nos produits ; mais ils se sont
empressés d'accepter la sévérité momentanée de nos
juges pour déclarer que chez eux nous ne méritions
pas d'autre protection que celle qui nous était accordée chez nous. Dans leurs lois nouvelles nos produits
ne sont plus classés comme artistiques et sont par suite

nées, qui ne relèvent que de l'artiste, de l'écrivain, du penseur.
Cependant, il est incontestable qu'il y a ici, dans la question, un
art tout entier.

» Et si la Chambre me permettait de citer quelques-uns des
grands noms qui se rattachent à cet art, elle reconnaitrait elle-
même qu'il y a là des génies créateurs, des hommes d'imagination,
des hommes dont la propriété doit être protégée par la loi. Ber-
nard de Palissy était un potier : Benvenuto Cellini était un orfèvre.
Un pape a désiré un modèle de chandeliers d'église : Michel-Ange
et Raphaël ont concouru pour ce modèle, et les deux flambeaux
ont été exécutés. Oserait-on dire que ce ne sont pas là des objets
d'art ?

» Il y a donc ici, permettez-moi d'insister, un art véritable dans
la question, et c'est ce qui me fait prendre la parole.

» Jusqu'à présent cette matière a été régie en France par une
législation vague, obscure. incomplète, plutôt formée de jurispru-
dences et d'extensions que composée de textes directs émanés du
législateur.

» Cette législation a beaucoup de défauts. mais elle a une qualité qui, à mes yeux, compense tous les défauts : elle est généreuse !

(A cette époque la jurisprudence appliquait à nos industries
la loi de 1793.)

. . . .

» Toutes les fois que vous voulez que de grands artistes fassent
de grandes œuvres, donnez-leur le temps, donnez-leur la durée,
assurez-leur le respect de leur pensée et de leur propriété ; si vous
voulez que la France reste à ce point où elle est placée, d'imposer
à toutes les nations la loi de sa mode, de son goût. de son imagination ; si vous voulez que la France reste la maitresse de ce
que le monde appelle l'ornement, le luxe, la fantaisie, ce qui sera
toujours et ce qui est une richesse publique et nationale, si vous
voulez donner à cet art tous les moyens de prospérer, ne touchez
pas légèrement à la législation sous laquelle il s'est développé avec
tant d'éclat.

astreints à des formalités difficiles à remplir, qui facilitent la contrefaçon de nos modèles et l'impunité de leurs nationaux.

Si le mot art industriel devait, dans l'esprit de nos contemporains, continuer à marquer cette sorte d'infériorité exagérée, nous le refuserions catégoriquement.

Il n'y a pas plusieurs sortes d'art.

L'art est un, ses applications peuvent être multipliées à l'infini, mais il reste un dans son essence.

L'art appliqué à l'industrie, car c'est là une appel-

» Notez que depuis que cette législation, incomplète, je le répète, mais généreuse, existe, l'ascendant de la France, dans toutes les matières d'art et d'industrie mêlées à l'art, n'a cessé de s'accroître.

» Que demandez-vous donc à une législation? Qu'elle produise de bons effets, qu'elle donne de bons résultats? Que reprochez-vous à celle-ci? Sous son empire, l'art français est devenu le maître et le modèle de l'art chez tous les peuples qui composent le monde civilisé. Pourquoi donc toucher légèrement à un état de choses dont vous avez à vous applaudir? . . . .

» Cependant je ne me suis pas expliqué comment il se faisait qu'en présence d'un beau, noble et magnifique résultat, on devait innover dans la loi qui a, en partie du moins, produit cet effet.

. . . .

» *Elle est au-dessous de la propriété littéraire: mais elle n'en est pas moins respectable, nationale et utile. Le jour, dis-je, où vous aurez diminué la durée de cette propriété, vous aurez diminué l'intérêt des fabricants à produire des ouvrages d'industrie de plus en plus voisins de l'art; vous aurez diminué l'intérêt des grands artistes à pénétrer de plus en plus dans cette région où l'industrie se relève par son contact avec l'art.* »

M. Dalloz dit enfin :

« Toute œuvre de sculpture est une œuvre d'intelligence, quelle que soit son application. Certainement, il y a **un art** élevé et un art vulgaire; c'est le fait de la critique et du goût de classer les objets de sculpture dans l'une ou l'autre de ces catégories, et cela est aussi impossible à la législation qu'à la jurisprudence. »

La distinction est impossible en fait, et, en droit, elle n'est pas dans la loi; nous pensons donc, sans hésitation, qu'en matière de sculpture, même appliquée à l'industrie, la loi de 1806 ne saurait être invoquée. C'est la loi de 1793, loi protectrice de la propriété artistique, qui protège toutes les œuvres de la sculpture, sans distinction entre l'art proprement dit et l'art industriel.

lation plus exacte, « s'il n'a pas l'éclat apparent des
» succès de nos peintres et de nos sculpteurs, a le
» grand mérite d'imprimer à notre production natio-
» nale sa supériorité sur les œuvres étrangères ; c'est lui
» qui a fait et doit continuer à assurer la fortune de
» notre pays. C'est l'art populaire, l'art qu'il faut garder
» excellemment français pour soutenir la concurrence
» étrangère (1). »

Et l'école qui risque de l'amoindrir ou de le compromettre dans le seul but de chercher une distinction
subtile ou de diminuer l'étendue d'une protection qui
ne gêne que les malhonnêtes gens, doit être énergiquement combattue par tous ceux qui ont le sentiment des
intérêts français.

Notre conviction est donc faite et notre ligne de
conduite tracée.

Nous attaquerons en vertu de la loi de 1793 (2)
toute contrefaçon qui nous touche, sans chercher à
distinguer si l'objet volé appartient à l'art proprement
dit ou à l'art industriel, s'il représente de la figure ou
de l'ornement.

---

(1) Extrait du discours prononcé à la distribution des récom-
penses à l'École nationale d'Aubusson, par M. Galland, directeur
des travaux d'art à la Manufacture des Gobelins.

(2) En dehors de ces deux lois de 1793 et 1806 qui ne peuvent
s'appliquer qu'à des cas de contrefaçon, c'est-à-dire à des vols de
modèles artistiques ou industriels susceptibles d'être revendiqués
comme nouveaux, on doit citer l'article 1382 du Code civil :

« Tout fait quelconque de l'homme qui cause à autrui un
» dommage, oblige celui par la faute duquel il est arrivé à le
» réparer. »

Quoique ce texte soit très élastique et que les tribunaux
hésitent le plus souvent à l'appliquer, on peut l'indiquer à ceux
d'entre nous qui seront victimes d'un acte de mauvaise foi et qui
auront à défendre des modèles qui, quoique peu nouveaux, auront
été acquis honnêtement. Ils devront alors attaquer pour concurrence déloyale devant le Tribunal de commerce ou devant le
Tribunal civil.

Moyens rapides et énergiques que nous offre la loi de 1793. — Enfin, cette loi de 1793 nous offre un dernier avantage que nous désirons faire ressortir :

Dans la plupart des cas nous avons besoin de moyens rapides et énergiques, si nous voulons atteindre ces repris de justice qui circulent dans nos rues avec les moulages en plâtre de nos meilleures statuettes ou frapper ces fabricants qui ne vivent que de contre-façon. Ces deux sortes d'individus faisant peu de cas des jugements du Tribunal de commerce ou du Tribunal civil, vu qu'ils sont pour la plupart insolvables, il faut pouvoir les conduire vivement en correction-nelle.

La loi de 1806 exige que, par l'entremise d'un avoué, une requête soit présentée au président du Tribunal civil pour que la saisie soit autorisée. Or, le plus sou-vent si nous nous attardons à ces formalités, les preuves du délit ont disparu lorsque nous arrivons.

Tandis que la loi 1793 nous permet (sous notre responsabilité et aux risques de supporter l'action reconventionnelle en cas d'erreur ou de mauvaise foi de notre part) de requérir directement le commis-saire de police (1), de traduire immédiatement le contre-facteur en correctionnelle et d'obtenir rapidement un jugement qui, le cas échéant, met à notre service la contrainte par corps, c'est-à-dire la prison.

----

(1) Voici à ce sujet, copie d'une lettre adressée par M. Levaillant, directeur de la Sûreté générale, à M. Choudens, éditeur, qui avait rencontré des difficultés pour opérer la saisie d'œuvres contrefaites :

« Paris, le 4 juin 1887.

» Messieurs,

» Par la lettre du 24 mai dernier, vous m'avez signalé les grandes difficultés que rencontraient MM. les Éditeurs de musique à faire saisir, dans les départements, les contrefa-çons des œuvres qui sont leur propriété personnelle. Ces difcultés proviendraient, selon vous, de ce que les commissaires de police se refusaient à instrumenter sur la demande directe des éditeurs et exigeraient au préalable une réquisition en forme du parquet.

» Vous demandez, en conséquence, qu'il vous soit délivré personnellement une pièce officielle invitant les fonctionnaires dont il s'agit à opérer, sur votre propre requête et à vos risques et périls, la saisie des contrefaçons de vos propriétés musicales.

» Je me hâte de reconnaître, Messieurs, que votre réclamation repose sur une base absolument légale. Les commissaires de police doivent, en effet, en vertu de l'article 3 de la loi des 19-24 juillet 1793, combiné avec l'article 1er de la loi du 25 prairial an III, saisir les contrefaçons d'œuvres littéraires et artistiques toutes les fois que la demande leur en est faite par les ayants droit, et sans attendre une réquisition du parquet, laquelle, en cette matière, ne leur est nullement nécessaire.

» Vous n'aurez donc, le cas échéant, pour obtenir le concours des commissaires de police, qu'à rappeler à ces fonctionnaires les articles de loi visés ci-dessus et qu'à leur donner, au besoin, communication de la présente lettre. Si, néanmoins, un refus vous était opposé, il vous suffirait de m'en informer immédiatement, et j'aviserais au moyen de le faire cesser.

» Agréez, Messieurs, etc.

» Le Directeur de la Sûreté générale,

» *Signé* : LEVAILLANT. »

CONGRÈS

NOUVEAUX PROJETS DE LOIS

VŒUX OU TENDANCES DIVERSES

AYANT POUR BUT

D'AMÉLIORER NOTRE LÉGISLATION

Les moyens que nous venons de préconiser pour atténuer les effets de la contrefaçon en France ne sont basés que sur les lois en vigueur. Nous avons tiré enseignement de la jurisprudence passée pour essayer de tourner à notre avantage la jurisprudence à venir.

Lors des réunions qui vont très probablement se tenir cette année, nous serons sans doute appelés à donner notre avis sur ces questions, il est donc utile de résumer tous les faits qui y sont relatifs.

Congrès international de la Propriété artistique

Tenu à Paris du 18 au 21 Septembre 1878

Après une discussion approfondie, le Congrès vota les résolutions suivantes qui nous intéressent :

1. Le droit de l'artiste sur son œuvre est un droit de propriété.

La loi civile ne le crée pas ; elle ne fait que le réglementer.

2. Le droit de propriété artistique comprend tous les

modes de reproduction des œuvres du dessin, de la peinture, de la gravure, de la sculpture, de l'architecture, de la musique et de tout ce qui touche aux arts, quels qu'en soient le mérite, l'importance ou la destination.

3. La durée du droit de propriété artistique doit être limité.

4. Il est à désirer que le droit temporaire, reconnu aux auteurs par les diverses législations, ait une durée fixe de cent années, à partir du jour où l'œuvre est mise dans le public.

Cette durée limitée ne s'applique qu'au droit qui appartient à l'artiste de reproduire ou de faire représenter son œuvre.

5. La cession d'une œuvre d'art n'entraîne pas par elle-même le droit de reproduction.

Il en est ainsi, même en cas de cession d'une œuvre d'art à l'État.

Toutefois, le droit de reproduction se trouvera cédé avec l'objet d'art lorsqu'il s'agira du portrait ou de la statue de l'acquéreur ou d'un membre de sa famille.

6. Le propriétaire de l'œuvre d'art n'est pas tenu de la livrer à l'auteur ou à ses héritiers pour qu'il en soit fait des reproductions.

7. *L'auteur d'une œuvre d'art ne doit être astreint à aucune formalité pour assurer son droit.*

8. L'atteinte portée au droit de l'artiste sur son œuvre constitue un délit de droit commun.

9. *Doivent être assimilées à la contrefaçon les reproductions ou imitations d'une œuvre d'art, par un art différent, quels que soient les procédés et la matière employés.*

La reproduction d'une œuvre d'art par l'industrie est également une contrefaçon.

10. Le délit de contrefaçon ne résulte que de l'exploitation ou usage commercial, ou de la livraison au public d'une reproduction artistique.

11. L'usurpation du nom d'un artiste et son apposition sur une œuvre d'art, l'imitation frauduleuse de sa signature ou de tout autre signe distinctif adopté par lui, sont assimilées à l'usurpation d'un nom commercial et punies des mêmes peines.

Ces résolutions ont été présentées à M. Bardoux, alors ministre de l'Instruction publique et des Beaux-Arts. M. le Ministre a constitué une commission qu'il a chargée de rechercher les meilleurs moyens de réaliser les résolutions du Congrés. Cette commission était composée de : MM. le Ministre de l'Instruction publique et des Beaux-Arts, président ; le directeur général des Beaux-Arts, vice-président ; Meissonnier, président du Congrés de 1878, vice-président ; Ballu, secrétaire ; Gérôme, J. Thomas, Duc, Gounod, Gruger, Hérold, Mazeau, Corentin-Guyho, Jozon, Lucas, Thirion, Rochet, Rousse, Huard, Pouillet, Clunet, Barbedienne, Goupil et Heugel.

Dans sa première séance, la commission a désigné une sous-commission à laquelle elle a confié le soin de préparer un rapport sur les diverses questions qui lui étaient soumises. M. A. Huard a présenté un rapport qui résume les dispositions votées par la sous-commission et qui conclue à l'adoption du projet de loi suivant :

Article Premier. — La propriété artistique consiste dans le droit exclusif de reproduction, d'exécution et de représentation. Nul ne peut reproduire, exécuter ou représenter l'œuvre de l'artiste, en totalité ou en partie, sans son consentement, quelles que soient la nature et l'importance de l'œuvre et quel que soit le mode de reproduction, d'exécution ou de représentation.

La présente loi ne s'applique pas aux reproductions des œuvres photographiques.

Art. 2. — Le droit de reproduction, d'exécution et de représentation appartient à l'artiste pendant sa vie, et pendant cinquante années à partir du jour de son décès à son conjoint survivant, à ses héritiers et ayants droit.

Art. 3. — A moins de stipulations contraires, l'aliénation d'une œuvre d'art n'entraîne pas par elle-même aliénation du droit de reproduction.

Toutefois le droit de reproduction est aliéné avec l'objet d'art lorsqu'il s'agit d'un portrait commandé.

Art. 4. — L'auteur d'une œuvre d'art ou ses ayants droit ne peuvent, pour exercer leur droit de reproduction, troubler dans sa possession le propriétaire de cette œuvre.

Art. 5. — Sont assimilées à la contrefaçon :

1º Les reproductions ou imitations d'une œuvre d'art par un art différent, quels que soient les procédés et la matière employés ;

2º Les reproductions ou imitations d'une œuvre d'art par l'industrie.

Art. 6. — Ceux qui auront usurpé le nom d'un artiste et qui l'auront frauduleusement fait apparaître sur une œuvre d'art dont il n'est pas l'auteur, ceux qui auront imité frauduleusement sa signature ou tout autre signe adopté par lui, seront punis d'un emprisonnement d'un an au moins et de cinq ans au plus et d'une amende de seize francs au moins et de cinq mille francs au plus, ou de l'une de ces deux peines seulement.

Seront punis des mêmes peines ceux qui auront sciemment vendu, mis en vente, recélé ou introduit sur le territoire français des œuvres d'art frauduleusement revêtues du nom d'un artiste, de sa signature ou de tout autre signe adopté par lui.

L'article 463 du Code pénal est applicable.

Art. 7. — Il n'est pas dérogé aux dispositions antérieures qui n'ont rien de contraire à la présente loi.

Il y a onze ans que toutes ces bonnes résolutions ont été prises par les hommes les mieux placés pour les faire aboutir, et nous n'en avons guère tiré que l'espoir de les voir voter à nouveau en 1889 !

PROJET DE LOI BOZÉRIAN

Concuremment à ce projet de loi sur la propriété artistique voté par la sous-commission du Congrès de 1878, un projet sur les dessins et modèles industriels a été étudié par le Sénat.

C'est le projet de loi déposé par M. Bozérian.

Ce projet, voté par le Sénat, a été transmis à l'ancienne Chambre des Députés le 5 avril 1879. Une commission a été nommée, et M. Galpin a été choisi comme rapporteur ; le 22 mai 1880, M. Galpin a déposé son rapport, qui a été publié dans le *Journal Officiel* le 22 avril 1880. Mais la Chambre des Députés s'est séparée avant d'avoir voté le projet. Le 9 novembre 1881, le projet a été transmis à la nouvelle Chambre des Députés, et en avril 1882 la Chambre a nommé une commission, qui a choisi pour rapporteur M. Jullien.

Nous noterons seulement les dispositions du projet relatives aux questions que nous avons discutées. D'abord, dans son art. 1, le projet assimile d'une façon complète les modèles industriels aux dessins de fabrique ; il essaie de trancher ainsi une des graves controverses de la matière. D'autre part, dans les art. 2 et 3, le projet définit les dessins et les modèles industriels, de manière à les distinguer des dessins et modèles artistiques : le dessin ou le modèle est industriel lorsqu'il est « destiné à une reproduction industrielle », mais la « prédominance du caractère artistique » laisse l'œuvre sous la protection de la loi de 1793. Cela est un peu vague.

Dans une note sur ce projet présentée par M. P. Christofle à M. le ministre des Arts en décembre 1881 il est dit :

« Nous approuvons entièrement dans son esprit cette rédaction, mais dans sa forme nous lui reprochons de ne pas présenter encore une précision suffisante, de manière à empêcher ces variations de la jurisprudence qui, si elles se perpétuaient, seraient la ruine des industries de l'art décoratif. Admettant la définition des dessins et modèles de fabrique, donnée par le projet Bozérian, nous proposerions, pour le paragraphe relatif à la propriété industrielle et artistique, la rédaction suivante :

» Ne sont pas compris dans ces catégories, encore qu'ils soient destinés à une reproduction industrielle, tout dessin ayant un caractère artistique, tout objet dû à l'art du sculpteur, statuaire ou ornemaniste.

» Ces œuvres continueront a être protégées par la loi du 19 juillet 1793 et par les autres lois relatives à la propriété artistique ».

Le bureau de la Réunion des Fabricants de Bronzes a approuvé les idées développées dans la note ci-dessus et a demandé à M. le ministre des Arts de les faire triompher devant la Chambre.

La législation prit fin avant que l'ordre du jour eût ramené en discussion devant la Chambre cette loi Bozérian. Au cours de la législature suivante, une nouvelle commission fut nommée qui déposa son rapport le 13 novembre 1884 ; cette fois encore, la Chambre arriva à l'expiration de son mandat sans que la loi eût pu être votée.

Transmise à la Chambre des Députés, au début de la présente législature, le 19 novembre 1885, cette loi fut attaquée dans son principe même par quelques-uns des membres de la commission chargée de l'examiner. M. Philippon fut nommé rapporteur. Dans un très remarquable rapport il conclue à l'abandon du projet Bozérian et à l'adoption d'un nouveau projet de loi.

Nous pensons, dit M. Philippon, que la distinction que l'on voudrait maintenir dans notre législation entre le dessin artistique et le dessin industriel est une distinction toute empirique, qui ne répond à rien de réel et qui doit, nécessairement, aboutir à de surprenantes inconséquences. — Pour éviter cet écueil, le législateur n'a qu'un moyen : faire rentrer sous la protection d'une loi unique toutes les créations des arts du dessin.

PROJET DE LOI PHILIPPON

En conséquence, le 8 mars 1888, M. Philippon déposait sur le bureau de la Chambre des Députés, en même temps que son rapport concluant au rejet du projet Bozérian, une nouvelle proposition de loi relative à la propriété littéraire et artistique dont ci-dessous le texte :

Article premier. — La propriété littéraire et artistique consiste dans le droit exclusif reconnu à l'auteur de reproduire son œuvre par quelque procédé, sous quelque forme et pour quelque destination que ce soit.

Elle comprend, en outre, pour les œuvres dramatiques ou musicales, le droit exclusif de représentation ou d'exécution.

Art. 2. — Après la mort de l'auteur, ce droit se prolonge pendant cinquante ans au profit de ses héritiers ou autres ayants droit.

Si l'œuvre est due à la collaboration de plusieurs auteurs, le délai de cinquante ans ne commencera à courir qu'à partir du décès du dernier mourant des collaborateurs. Si l'un des collaborateurs décède sans héritiers, son droit accroîtra aux autres.

Art. 3. — La propriété littéraire et artistique constitue un droit mobilier cessible et transmissible conformément aux règles du Code civil.

Toutefois, ce droit reste propre à l'époux-auteur, quel que soit le régime matrimonial adopté.

Lorsque la succession est dévolue à l'État, le droit exclusif s'éteint, sans préjudice des droits des créanciers et de l'exécution des traités de cession qui ont pu être consentis par l'auteur ou ses représentants.

Art. 4. — A moins de stipulations contraires, la cession du droit de reproduction n'est présumée faite que pour une édition seulement.

La cession du droit de publication n'emporte pas, par elle seule, cession du droit de représentation ou d'exécution, et réciproquement.

ART. 5. — Les droits garantis par la présente loi sont in- saisissables, en tant qu'ils s'appliquent à des œuvres inédites. Pour les œuvres des arts du dessin destinées à rester à l'état d'unique exemplaire, telles que les peintures et les sculptures, le droit de reproduction n'en devient saisissable que le jour où elle sont achevées.

ART. 6. — Lorsque l'œuvre résultant de la collaboration de plusieurs personnes forme un tout indivisible, aucun des co-auteurs ne peut exercer isolément son droit de repro- duction, d'exécution ou de représentation. S'il y a désaccord sur l'indivisibilité de l'œuvre, les tribunaux décideront.

La licitation de l'œuvre commune reconnue indivisible ne pourra être poursuivie à l'encontre des collaborateurs : elle ne pourra l'être qu'à l'encontre de leurs héritiers ou ayants droit.

ART. 7. — Les ouvrages qui consistent en une collection d'œuvres ou de fragments émanés de différents auteurs sont la propriété de celui qui édite l'œuvre collective, sous la ré- serve des droits de chaque auteur pour la publication séparée de ses œuvres ou fragments.

ART. 8. — Bénéficieront des dispositions de la présente loi : 1° les recueils d'œuvres ou de morceaux qui, envisagés isolé- ment, appartiennent au domaine public, mais qui, par leur réunion, constituent une œuvre originale ; 2° la publication des manuscrits anciens conservés dans les bibliothèques ou les dépôts d'archives publics ou privés, sans que l'auteur de cette publication puisse s'opposer à ce que les mêmes manus- crits soient publiés à nouveau, d'après le texte original.

ART. 9. — Celui qui publie une œuvre de littérature ou d'art anonyme ou pseudonyme jouira des droits garantis par la présente loi pendant cinquante ans, à compter de la pre- mière édition ou représentation.

Si avant l'expiration de ce terme l'auteur prouve sa qua- lité, il rentrera dans l'exercice de ses droits.

ART. 10. — Le propriétaire d'un ouvrage posthume jouira du droit exclusif de reproduction, d'exécution ou de représen- tation pendant cinquante ans, à compter du jour où cet ou- vrage aura été publié, exécuté ou représenté pour la première fois, à la condition, toutefois, de ne pas joindre l'œuvre posthume à d'autres œuvres du même auteur déjà tombées dans le domaine public.

L'ouvrage posthume est celui qui n'a pas été édité du vivant de son auteur.

ART. 11. — Le droit de l'État, des départements ou des communes, celui des Académies, Instituts ou Associations savantes, sur les ouvrages édités en leur nom et par leurs soins, durera cinquante ans à partir de la publication.

Dans ce cas, comme dans celui des deux articles précédents, un règlement d'administration publique déterminera la manière dont sera constaté le point de départ du terme de cinquante ans.

Pour les ouvrages en plusieurs volumes ou livraisons, le délai se calculera à compter de la publication de chaque volume ou livraison.

Les articles 12 à 20 s'occupent exclusivement des œuvres littéraires et musicales.

ART. 21. — Le droit exclusif de l'auteur d'une œuvre appartenant aux arts du dessin comprend tous les modes de reproduction. Il est indépendant du mérite ou de la destination de l'œuvre.

ART. 22. — Au cas de cession d'une œuvre d'art, le droit de reproduction demeure réservé à l'auteur, sans que, sous aucun prétexte, le propriétaire de l'œuvre originale puisse être troublé dans sa possession, par suite de l'exercice de ce droit.

Toutefois, le droit de reproduction se trouvera cédé avec l'œuvre originale, lorsqu'il s'agira du portrait, du buste ou de la statue de l'acquéreur ou d'un membre de sa famille.

ART. 23. — A moins de stipulations contraires, la cession du droit de reproduction est spéciale à l'art ou à l'industrie en vue de laquelle elle a été consentie.

ART. 24. — Les œuvres d'architecture rentrent sous l'application de la présente loi.

ART. 25. — Il en est de même : 1° des cartes, dessins et figures de géographie ou d'histoire naturelle et, en général, de tous les dessins techniques ; 2° des dispositions ou combinaisons de traits, de couleurs, de contours ou de formes destinées à l'ornementation d'un produit industriel, et habituellement désignées sous le nom de dessins ou modèles de fabrique, pourvu, toutefois, qu'elles présentent une configuration distincte et reconnaissable ; 3° des reproductions, par moyen mécanique, d'œuvres de la sculpture ; 4° des œuvres obtenues à l'aide de la photographie, de l'héliogravure ou de tout autre procédé analogue.

Art. 26. — Le propriétaire d'un établissement industriel ou de commerce sera, sauf convention contraire, considéré comme l'auteur des dessins ou modèles créés par les dessinateurs, peintres, sculpteurs ou modeleurs travaillant pour cet établissement.

Art. 27 —. Les œuvres littéraires et musicales ainsi que les œuvres des arts du dessin multipliées à l'aide de procédés mécaniques ou industriels seront l'objet d'un dépôt. Faute d'avoir accompli cette formalité, l'auteur ou ses ayants cause ne seront pas admis à faire valoir leurs droits en justice.

Art. 28. — Le dépôt sera fait en double exemplaire, au secrétariat de la préfecture du département où est domicilié le déposant.

Il sera constaté par un procès-verbal dressé sans frais par le secrétaire général de la préfecture, sur un registre tenu à cet effet.

Ce procès-verbal énoncera les nom, prénoms et domicile du déposant, le jour et l'heure du dépôt ; il contiendra, en outre, l'indication sommaire de l'objet déposé et sera signé par le déposant ou son représentant.

Une expédition en sera remise à ce dernier.

Il sera perçu pour la rédaction du procès-verbal de dépôt et pour l'expédition, un droit de 3 francs, non compris les droits de timbre et d'enregistrement.

Un règlement d'administration publique déterminera les conditions matérielles du dépôt, ainsi que la destination à donner aux exemplaires déposés.

Art. 29. — En ce qui concerne les œuvres des arts du dessin appliquées à l'industrie, le dépôt en sera fait, soit sous forme d'échantillon, soit sous forme d'esquisse ou de reproduction photographique. Il pourra être effectué à couvert, pour un temps qui ne dépassera pas trois ans.

Un seul procès-verbal pourra être dressé pour les dessins ou modèles déposés en même temps.

Les dessins ou modèles déposés à découvert et ceux rendus publics, à l'expiration du délai pendant lequel ils peuvent être tenus secrets, seront communiqués sans frais à toute réquisition.

Des décrets particuliers à chaque genre d'industrie pourront maintenir le dépôt des dessins et modèles de fabrique aux archives des conseils de prud'hommes, pour les fabriques situées dans le ressort de ces conseils, et au greffe du Tribunal de commerce, pour les fabriques situées hors du ressort d'un conseil de prud'hommes.

Art. 30. — Les étrangers jouiront en France du bénéfice de la présente loi, à la condition que, dans leur pays d'origine, des conventions diplomatiques où les lois garantissent aux auteurs français le même traitement qu'aux auteurs nationaux. Néanmoins, en aucun cas, leurs droits ne pourront dépasser, en étendue ou en durée, ceux qui leur sont reconnus par la législation de la nation à laquelle ils appartiennent.

Les œuvres d'auteurs étrangers éditées en France bénéficieront de la protection de la loi, sans condition de réciprocité.

Art. 31. — Toute atteinte, même partielle, portée frauduleusement aux droits garantis par la présente loi, constitue le délit de contrefaçon.

Ce délit sera puni d'une amende de 100 à 2.000 francs.

Si le contrefacteur est un ouvrier ou un employé ayant travaillé pour la partie lésée, ou s'il a eu connaissance des œuvres contrefaites par un ouvrier ou un employé de cette catégorie, il sera passible, en outre, d'un emprisonnement de un à six mois.

Art. 32. — Si, dans le cas prévu par l'article 15, l'indication de la source mise à profit a été omise, le coupable sera puni d'une amende de 50 à 200 francs.

Art. 33. — En cas de récidive, les peines édictées par les articles précédents pourront être élevées jusqu'au double, et il pourra être prononcé contre les coupables un emprisonnement de un à six mois.

Il y a récidive si le délit de contrefaçon reproché au prévenu a été commis dans les cinq années qui auront suivi une condamnation prononcée en vertu soit de la présente loi, soit de la loi du 5 juillet 1844, sur les brevets d'invention.

ART. 34. — Seront punis des mêmes peines que l'auteur principal : 1° ceux qui se seront rendus coupables de l'un des actes de complicité énumérés à l'article 60 du Code pénal ; 2° ceux qui auront sciemment recélé, vendu, exposé en vente ou introduit sur le territoire français un ou plusieurs objets contrefaits.

ART. 35. — L'article 463 du Code pénal est applicable aux délits prévus par les dispositions qui précèdent.

ART. 36. — Les infractions à la présente loi ne pourront être poursuivies que sur la plainte de la partie lésée.

L'assignation délivrée au civil tiendra lieu de plainte.

ART. 37. — Les actions civiles relatives à la propriété littéraire ou artistique seront portées devant les tribunaux civils de première instance. L'affaire sera instruite et jugée dans la forme prescrite pour les matières sommaires, par les articles 405 et suivants du Code de procédure civile. Elle sera communiquée au ministère public.

ART. 38. — Le tribunal correctionnel, saisi d'une action pour délit de contrefaçon, statuera sur les exceptions qui seraient tirées par le prévenu des questions relatives à la propriété du droit de reproduction ou de représentation. Il en sera de même du Tribunal consulaire appelé à connaître, conformément à l'article 631 du Code de commerce, des contestations relatives à l'exécution des traités de cession consentis par l'auteur ou ses représentants et ayant un caractère commercial.

ART. 39. — L'auteur ou ses ayants cause pourront faire procéder par ministère d'huissier à la désignation et description détaillées, avec ou sans saisie, des œuvres soi-disant contrefaites, ainsi qu'à celle des instruments ou ustensiles destinés spécialement à leur fabrication, en vertu d'une ordonnance du président du Tribunal civil ou du juge de paix, dans le ressort desquels se trouvent les objets à saisir ou à décrire.

L'ordonnance sera rendue sur requête, sans que le magistrat ait à examiner autre chose que la régularité extrinsèque des justifications qui lui sont fournies par le requérant de sa qualité de propriétaire ou de cessionnaire de l'œuvre soi-disant contrefaite.

Un expert pourra être commis à l'effet d'aider l'huissier dans sa désignation et description.

Si la saisie est demandée, le magistrat appréciera le bien-fondé de cette demande ; il pourra, s'il le juge convenable, limiter son autorisation à quelques-uns des objets contrefaits, comme aussi en subordonner l'effet au dépôt d'un cautionnement. Ce cautionnement sera toujours exigé de l'étranger qui requerra la saisie.

Il sera laissé copie au détenteur des objets décrits ou saisis, tant de l'ordonnance que de l'acte constatant le dépôt du cautionnement, le cas échéant ; le tout à peine de nullité.

S'il s'agit d'une représentation ou exécution faite au mépris des droits reconnus par la présente loi, le juge pourra, dans la même forme, autoriser la saisie totale ou partielle de la recette.

Art. 40. — A défaut par le requérant de s'être pourvu soit par la voie civile, soit par la voie correctionnelle, dans le délai de quinzaine, outre un jour par cinq myriamètres de distance entre le lieu où se trouvent les objets saisis ou décrits et le domicile du contrefacteur, recéleur, introducteur ou débitant, la description et la saisie seront nulles de plein droit, sans préjudice des dommages et intérêts qui pourront être réclamés, s'il y a lieu, dans la forme prescrite par les articles 405 et suivants du Code de procédure civile.

Art. 41. — Les œuvres contrefaites à l'étranger sont prohibées à l'entrée et exclues du transit et de l'entrepôt, elles peuvent être saisies, en quelque lieu que ce soit, par les préposés aux douanes ou les commissaires de police qui en seront requis par la partie lésée.

Le délai dans lequel l'action prévue par l'article 40 devra

être intentée, sous peine de nullité de la saisie, **est porté à deux mois.**

ART. 42. — La confiscation des objets reconnus contrefaits et, le cas échéant, celle des instruments ou ustensiles destinés spécialement à leur fabrication, seront prononcées, même en cas d'acquittement et quelle que soit la juridiction saisie.

Il en sera de même en ce qui concerne les recettes perçues à l'occasion de la représentation ou exécution non autorisée d'une œuvre protégée par la présente loi.

Si l'auteur le demande, les objets contrefaits lui seront remis sans préjudice de plus amples dommages-intérêts, s'il y a lieu. Dans le cas contraire, la destruction en sera ordonnée par le tribunal.

ART. 43. — Le tribunal saisi pourra ordonner l'affiche du jugement dans les lieux où il le jugera convenable, et son insertion, intégrale ou par extraits, dans un ou plusieurs journaux, conformément à l'article 1036 du Code de procédure civile.

ART. 44. — Des décrets portant règlement d'administration publique arrêteront les dispositions nécessaires pour l'exécution de la présente loi.

Des décrets rendus dans la même forme pourront régler l'application de la présente loi en Algérie et dans les colonies, avec les modifications qui seront jugées nécessaires.

ART. 45. — Seront abrogés, à compter du jour où la présente loi sera devenue exécutoire, les lois, ordonnances et décrets suivants : 13 janvier 1791, 19 juillet 1791, 19 juillet 1793, 15 juin 1795, 1er germinal an XIII, 8 juin 1806 (article 12), 18 mars 1806 (articles 14, 15, 16, 17, 18, 19), 8 juin 1806 (articles 10, 11, 12), 5 février 1810 (articles 39, 40, 41, 7e, 42, 43, 44), Code pénal de 1810 (articles 425, 426, 427, 428, 429), 6 juin 1810, 17 août 1825, 3 août 1844, 28 mars 1852, 8 avril 1854, 16 mai 1866, 14 juillet 1866 et, en général, toutes les dispositions des lois antérieures contraires à celles de la loi nouvelle.

Discussion de ce projet de loi. — Ce projet de loi était communiqué au bureau de la Réunion des Fabricants de Bronzes par son secrétaire dès le 11 mai 1888, et le soin de l'étudier immédiatement confié à une commission de quatre membres : MM. GAGNEAU, RANVIER, DELAFONTAINE et SOLEAU. Le 15 juin, M. SUSSE était adjoint à cette commission.

Ces Messieurs rendirent compte de leur mission et des consultations furent prises auprès de maîtres POUILLET, DESJARDINS et BEAUME. Le bureau, après discussion, a décidé que le projet de loi PHILIPPON nous était favorable en ce sens qu'il approuvait la suppression de la fausse théorie de « l'art finit ou l'industrie commence », mais qu'il y avait lieu de faire nos réserves relativement à certains articles et plus spécialement aux art. 27, 28, 29 et 39.

Les art. 27, 28 et 29 nous astreignent au dépôt. Dans le chapitre qui précède, nous avons démontré que nos industriels ont toujours préféré rester désarmés plutôt que de se servir de la loi de 1806 qui nécessitait le dépôt.

Nous avons réclamé et nous réclamons toujours la protection de la loi de 1793, non seulement parce qu'au point de vue artistique nous croyons mériter le même rang que les imprimeurs ou les éditeurs de musique ; mais aussi parce que chaque fois que cette loi nous a été appliquée, les juges, tenant compte des difficultés matérielles que nous avons à surmonter pour présenter un certificat de *dépôt utile*, nous ont exemptés de cette formalité.

Dans la consultation que Mᵉ POUILLET a bien voulu nous donner, il nous a dit que nous ne devions pas trop nous inquiéter de ces articles 27, 28, 29 de la loi PHILIPPON ; suivant lui, le dépôt pourrait n'être effectué qu'à la veille d'entreprendre un procès.

Cette interprétation n'étant pas écrite en toutes lettres dans la loi, nous craignons qu'elle puisse être contestée. M⁰ Pouillet défendait cette même thèse lorsqu'il interprétait la loi de 1806 (1). Malgré cela nous avons eu à subir bon nombre de jugements contraires.

Nous devons en outre avouer que cette facilité inscrite clairement dans la loi, ne ferait pas encore notre bonheur; son utilité nous échappe. Il faut admettre que si nous voulons en user, les contrefacteurs prendront très souvent les devants et ne manqueront pas de déposer les modèles contrefaits avant de les mettre en circulation.

L'art. 29 qui prescrit que tous les dessins des modèles déposés seront communiqués au public trois ans après le dépôt, semble offrir en outre un inconvénient, celui de faciliter la besogne des contrefacteurs, puisqu'il met à leur disposition une collection de dessins qui représentera toutes les nouveautés faites dans nos industries (au bout de trois ans nos modèles sont encore considérés comme neufs).

Nous avons lu attentivement les prémices du projet de loi de M. Philippon, et nous croyons que l'auteur ne s'est écarté des précédents établis en faveur de nos industries qu'avec le désir de mettre la législation qu'il nous destine en harmonie avec celle qu'il offre aux autres industries.

Nous admettons que nous puissions tous être soumis aux dispositions générales d'une même loi; mais en application il faudra quand même accepter des exceptions et tenir compte des usages et des précédents établis par la pratique.

Chez nous, les fabricants de bronzes, orfèvres, etc., continuent à pétitionner contre la formalité du dépôt et à demander que la loi laisse à l'auteur du modèle le soin de prouver sa propriété par les moyens tirés du

---

(1) Dessins et Modèles de fabrique (pages 45 à 50).

droit commun, et aux tribunaux à juger le mérite des preuves.

De son côté la Chambre de commerce soumet à notre approbation la protestation suivante, qui semble surtout inspirée par les fabricants de tissus ou autres industries analogues.

Extrait sommaire

des Procès-verbaux de la Chambre de Commerce de Paris

Dessins et Modèles de fabrique. — Vu ses avis antérieurs des 24 décembre 1869 et 23 mars 1878 ;

Vu le projet de loi de M. Bozérian, adopté par le Sénat en 1879 et le nouveau projet présenté par M. Philippon à la Chambre des Députés en vue de comprendre toutes les créations des arts du dessin dans les dispositions applicables à la propriété littéraire et artistique ;

Considérant que la loi de principe de 1806, amendée et complétée par les ordonnances de 1825 et l'arrêt de la Cour de cassation du 24 mars 1884 présente un très grand avantage sur les projets qu'on lui oppose ;

Que le libellé des dispositions de ces divers projets — touchant la définition, la durée de la protection, les formalités du dépôt, la constatation et la répression des délits ou des faits de simple concurrence, — n'est pas suffisamment précis pour qu'on ait à craindre de très graves difficultés dans l'appréciation ;

Qu'il n'est pas possible d'arriver à une spécification plus exacte, quel que soit le développement que l'on parvienne à donner à la rédaction des articles ;

Considérant, en outre, *que jamais une plainte sérieuse* n'a été formulée contre la loi de 1806, personne parmi les intéressés n'en ayant demandé ni l'abrogation ni la modification, surtout depuis qu'elle a été étendue dans les conditions rappelées ci-dessus ;

Que, tout au contraire, le plus grand nombre des intéressés qui se sont présentés à l'enquête ouverte par la

Chambre de commerce en 1887, ont formellement demandé que ladite loi fut maintenue sans changements;

Considérant — au point de vue du dépôt prévu par cette loi, qu'il est très rare que l'on ait besoin, dans la pratique, de rechercher la date d'un dépôt ancien pour résoudre un différend entre industriels, attendu qu'il ne s'en produit pas après un certain temps écoulé;

Que, dans ces conditions, le fonctionnement de la loi actuelle ne froisse pas les intérêts généraux de l'industrie, comme le craignent les auteurs des projets proposés;

Considérant que l'équilibre résultant d'un état de choses — qui donne complète sécurité aux intéressés — pourrait être troublé par la substitution de lois nouvelles à la législation et à la jurisprudence existantes,

Par ces motifs, et convaincue qu'il serait difficile sinon impossible de faire une loi meilleure, ou tout au moins mieux en harmonie avec le sentiment manifesté par ceux qu'elle intéresse le plus, la Chambre de commerce émet l'avis que, sans donner de suite aux projets présentés au Parlement, il y a lieu de maintenir la législation résultant du décret de 1806, qui, complétée par les ordonnances de 1825 et l'arrêt de la Cour de cassation du 24 mars 1884, suffit à tous les besoins et ne donne lieu à aucune plainte.

Paris, le 4 juillet 1888.

<table>
<tr><td>Le Secrétaire,</td><td>Le Président,</td></tr>
<tr><td>C. Marcilhacy.</td><td>A. Poirrier.</td></tr>
</table>

Cette protestation n'indique-t-elle pas que si, par pure question de symétrie, nous acceptons ces articles relatifs au dépôt, nous ferons un sacrifice inutile, puisque les industries pour lesquelles ils ont surtout été mis dans la loi n'en tiennent pas compte et repoussent l'ensemble du projet de loi?

Néanmoins, comme nous avons surabondamment

prouvé dans ce travail que nos industries ont toujours protesté contre l'application de cette loi de 1806, nous croyons ne plus avoir besoin de motiver les raisons qui nous empêchent de partager l'avis émis par la Chambre de commerce et qui nous font dire que nous accueillerons, au contraire, très volontiers, la loi PHILIPPON, qui nous couvre d'une façon précise ; nous demandons seulement à ce que la formalité exigée par les articles 27, 28 et 29 ne nous soit pas imposée.

L'art. 39 de la loi PHILIPPON ne semblant pas nous offrir les moyens rapides et énergiques que nous offre la loi de 1793, nous demandons, s'il devait être maintenu, que le commissaire de police soit admis à rendre les ordonnances relatives aux saisies.

VŒUX

Nous ne cachons cependant pas notre crainte de voir le projet de loi PHILIPPON stationner à la Chambre et au Sénat un temps égal à celui passé par le projet de loi BOZÉRIAN, et en fait de réclamations à adresser aux pouvoirs publics, nous croyons ne pas devoir nous lasser, chaque fois que l'occasion nous sera offerte, de continuer à émettre le vœu suivant, tiré de la note déjà présentée à M. le ministre des Arts en 1881, par M. P. CHRISTOFLE :

« La loi de 1793 et les lois subséquentes continue-
» ront à protéger, encore qu'ils soient destinés à une
» reproduction industrielle, tout dessin ayant un carac-
» tère artistique, tout objet dû à l'art du sculpteur,
» *statuaire* ou *ornemaniste*. Il est bien entendu que
» cette protection sera accordée, non seulement aux
» créations, mais aussi à leurs reproductions en toutes
» dimensions, toutes matières et par tous procédés. »

Nous avons ajouté au libellé de 1881 la partie relative aux reproductions, afin d'éviter l'interprétation donnée par certains arrêts qui couvraient par la loi de 1793 les modèles livrés par les sculpteurs, mais rejettaient les reproductions par le bronze sous la garantie de la loi de 1806.

Congrès des Chambres Syndicales, 1887

Au Congrès des Chambres syndicales tenu à Paris en novembre 1887, votre secrétaire a essayé de faire adopter ce libellé, mais un vœu empreint du même esprit avait déjà été voté, sur la proposition de MM. L. VIDAL et RANVIER, par ce même Congrès tenu en 1886.

Afin de ne pas discuter sur des mots, nous nous y sommes ralliés, mais après avoir fait ajouter la partie relative aux reproductions.

Voici ce vœu rectifié :

« Que dans la loi future concernant la propriété indus-
» trielle et artistique, toute création émanant du statuaire, de
» l'ornemaniste, du dessinateur, de tous arts graphiques et
» plastiques obtenus par les procédés connus ou à créer, soit
» protégée à l'égal des œuvres protégées par la loi de 1793
» et par les autres lois relatives à la propriété artistique. Cette
» propriété devra être accordée à cette création *et à ses re-*
» *productions*, même quand elle sera destinée à un usage
» commun. »

Cette dernière énumération de faits, et le peu de résultat pratique que nous avons obtenu, nous apprennent que nous ne devons pas trop compter sur les vœux, les Congrès ou les projets de loi pour nous tirer rapidement d'embarras, et que la méthode que nous avons préconisée, quoique plus modeste, nous rapprochera chaque jour plus sûrement du but.

Quelques punitions exemplaires infligées à des contrefacteurs en vue seront sûrement d'un effet plus immédiat.

Mais, comme les différents moyens que nous venons d'examimer ne se gênent pas entre eux, et que tout au contraire leur action s'additionne, nous pensons pouvoir les suivre tous et les aider de notre mieux, souhaitant vivement la réussite de l'un d'eux.

CONCLUSION

Nous croyons avoir démontré que nous ne sommes pas désarmés, et qu'en l'attente d'une loi nouvelle ou d'une disposition législative qui nous délivre définitivement de l'incertitude dans laquelle nous avait plongés l'application momentanée de la loi de 1806, nous avons pleine confiance en la garantie que nous offre la loi de 1793.

Nous serons largement payés de notre travail, s'il réussit quelque peu à faire partager la confiance que nous avons en nos tribunaux et en nos lois à ceux de nos confrères qui, découragés par des jugements regrettables poussent trop loin la tolérance ou la crainte d'une action en justice et laissent afficher sur la voie publique les contrefaçons criardes de leurs meilleurs modèles. Nous les prions instamment, dans l'intérêt général, de faire cesser ces mauvais exemples qui laissent croire qu'en France cette sorte de concurrence est licite.

Nous avons aussi voulu faire ressortir de cette étude, que pour perfectionner l'arme dont nous voulons nous servir et faire qu'elle reste constamment entre nos mains, il nous faut être prudents et ne mener devant les tribunaux que de bonnes affaires, bien étudiées.

Nous ne préconisons des moyens extrêmes que contre les malfaiteurs avérés et contre ceux qui, s'obstinant à mal agir, contribuent à entretenir de fausses théories sur la propriété des modèles. Dans tous les autres cas il ne faut aller en justice qu'avec beaucoup de réserve, après avoir tenté tous les moyens de conciliation, et, si on veut bien nous permettre cet avis, après avoir pris conseil auprès de personnes compétentes appartenant à la corporation intéressée.

Nous ne devons pas fatiguer les juges avec de mauvaises causes, si nous ne voulons pas de nouveaux arrêts préjudiciables à tous. Ces sortes de procès ayant des conséquences graves et les jugements rendus n'intéressant pas seulement les plaignants, mais aussi l'industrie à laquelle ils appartiennent, il en résulte que ceux d'entre nous qui s'engagent mal à propos et occasionnent des précédents fâcheux endossent une lourde responsabilité.

Qualités que doit posséder une affaire pour être menée devant les tribunaux d'une façon utile. — Nous voulons donc essayer d'indiquer les principales qualités que, suivant nous, doit posséder une affaire pour être considérée comme bonne.

Des différents procès gagnés et perdus que nous venons de parcourir, nous pouvons conclure que le plus souvent, lorsque les titres de propriété ont été bien établis, lorsque la nouveauté de l'œuvre présentée n'a pu être contestée et que l'intention frauduleuse du contrefacteur a été démontrée, les juges n'ont pas craint d'appliquer la loi de 1793, sans penser à la loi de 1806 et sans astreindre le plaignant au dépôt préalable, quelle que soit la valeur artistique de l'objet défendu et quel que soit son mode de reproduction. Mais que, par contre, lorsque l'une de ces conditions était mal remplie, les juges, dans le doute, évitaient de prononcer une condamnation et se tiraient d'embarras en nous appliquant la loi de 1806 qui, presque toujours, nous trouvait désarmés.

Titre de propriété et modèle de reçu. — On comprend dès lors l'importance du titre de propriété; ce titre bien établi sert, dès le début d'une affaire, à enlever le doute de l'esprit des juges et à les tranquilliser sur la première des conditions à remplir pour être apte à poursuivre un contrefacteur en justice; c'est-à-dire être propriétaire d'une façon indiscutable de ce dont on se dit volé.

La propriété peut s'établir, soit par la production des modèles plâtre et bronze et des livres de commerce qui indiquent les paiements faits au sculpteur, au fondeur et au ciseleur du modèle, soit par le reçu délivré par le sculpteur.

Ce dernier titre est le plus courant dans l'industrie du bronze; mais, en pratique, chacun fait ou fait faire ce reçu à sa façon. Le plus souvent il ne désigne pas suffisamment l'objet auquel il se rapporte.

Nous pensons être utiles en publiant le modèle de l'un de ces reçus qui a déjà été admis sans conteste par les tribunaux (1).

Suivant nous, comme titre de propriété, cette pièce suffira lorsque l'œuvre du sculpteur ornemaniste ou statuaire présentera un caractère artistique indéniable; mais notre but étant surtout d'atteindre toutes les contrefaçons, nous ne voudrions pas que l'avis que nous avons émis de combattre l'application à nos industries de la loi de 1806 empêchât l'éditeur qui aurait du doute sur la valeur artistique de son modèle, d'en effectuer le

---

(1) Ce titre est celui qui a servi à Soleau dans son procès contre D... Néanmoins, avant d'en adopter l'impression, le Bureau de la Réunion a délégué son Président et son Secrétaire chez M⁰ Pouillet pour lui demander si nous pouvions adopter ce modèle de reçu. M⁰ Pouillet a approuvé ce libellé et a insisté sur l'avantage que nous procurait la photographie pour donner plus de précision à ce document.

M⁰ Desjardins et M⁰ Beaume ont également approuvé ce type de reçu. Nous croyons donc pouvoir le proposer à nos confrères.

Paris, le _______________ 18 .

Je soussigné (1), _____________________________ , sculpteur, certifie

avoir composé et sculpté le modèle (2) _____________________________

_____________________________ N° (3) _____________________________

Je certifie avoir vendu ce modèle à Monsieur _____________________________

_____________________________ , en toute propriété, avec tous droits de reproduction, en toutes

dimensions, toutes matières et par tous procédés. Cette cession est faite pour la France et

l'Étranger, sans aucune réserve, quelle que soit l'extension qui puisse être apportée aux lois

actuelles par de nouvelles lois et conventions internationales.

La présente pièce servant de quittance et pour acquit de toute somme due relativement

à ce modèle.

(4) _____________________________

Signature

Timbre-acquit

à 10 cent.

Adresse

(1) Noms et prénoms.

(2) Désignation aussi complète que possible et un croquis en tête du présent reçu, ou une photographie faite après exécution collée et signée par l'artiste pour être jointe au présent reçu.

(3) Numéro d'ordre du modèle.

(4) Si le reçu est imprimé ou n'est pas écrit en entier de la main de l'artiste, lui faire écrire sur cette ligne les mots : *Lu et approuvé*.

Timbre-poste

Monsieur

P.-S. — Nous conseillons aux acquéreurs de Modèles de s'adresser ou de se faire adresser la présente pièce par la poste, afin que les timbres de l'administration puissent, le cas échéant, servir à établir la date certaine du Reçu.

dépôt au Conseil des prud'hommes avant la mise en vente. Dans ce cas nous l'engageons même à le faire; car de la sorte il sera mis en garde contre les tribunaux qui ne voudraient pas reconnaître le caractère artistique de ses produits.

Invention, nouveauté de l'œuvre. — Le titre de propriété bien fait aidera donc à établir non seulement la possession, mais aussi l'invention du modèle revendiqué. Néanmoins il ne faudra pas négliger d'accumuler toutes les preuves que l'on possédera relativement à la nouveauté de l'idée défendue ou à la façon nouvelle d'interpréter ou d'utiliser une idée ancienne.

Lorsque cela est possible, il est très utile de produire les croquis et les preuves de recherches préliminaires qui ont précédé la sculpture du modèle et qui expliquent comment il a été conçu.

Intention frauduleuse. — Il faut, en outre, pour que l'affaire soit bonne, que le plaignant puisse démontrer clairement l'intention frauduleuse de la personne attaquée. Cela à l'aide de faits tels que des traces évidentes de surmoulage ou des preuves de copie rendues indéniables par les faits cités.

Enfin, ces sortes d'affaires demandent à être conduites en justice avec beaucoup de soin. Lorsque la saisie est rendue indispensable, il faut procéder avec précaution. L'assignation doit toujours être très étudiée et faite de concert avec l'avocat spécialiste à qui sera confiée la plaidoirie.

Rôle des Chambres syndicales. — Les bureaux des chambres syndicales doivent donc, à notre avis, être très au courant de toutes ces questions et pouvoir se mettre à la disposition des membres de leur corporation pour les renseigner, les guider, et même les aider lorsque les affaires présentées mettent en cause l'interêt général.

Bureau de la Réunion des Fabricants de Bronzes.

— Au bureau de la Réunion des Fabricants de Bronzes, nous accomplissons cette mission depuis 1818, date de la fondation de notre Société, et chaque année nous avons la satisfaction de voir venir à nous bon nombre de nos confrères qui ne craignent pas de nous confesser leurs dissentiments. Le plus souvent ils confèrent au bureau faculté et pouvoir d'agir et décider comme amiable compositeur.

Presque toujours ces différents se terminent à l'amiable; les frais et fâcheries irrémédiables qu'entraîne l'action en justice sont ainsi évités.

Nous venons d'enregistrer l'exemple suivant : un de nos confrères ne faisant pas partie de notre Société a été amené devant le bureau pour une affaire de contrefaçon. Il a accepté notre arbitrage. Notre avis a été qu'il devait la remise des modèles et des marchandises arguées de contrefaçon et une indemnité pécuniaire. Il s'est exécuté et, loin de nous en vouloir, il nous a demandé à aider notre Société et à en faire partie. De son côté le plaignant, satisfait du jugement rendu, a laissé une part de son indemnité pour notre École de dessin et de modelage.

Ce fait peut être médité par les membres de notre corporation qui, trompés par les mauvais exemples qui s'étalent depuis des années sous leurs yeux, se sont détournés du droit chemin en copiant des modèles appartenant à leurs concurrents. S'ils sont réellement honnêtes, qu'ils cessent ce genre de concurrence et qu'ils reconnaissent loyalement leurs torts. Nous serons ensuite heureux du concours qu'ils voudront bien nous offrir.

Lorsque nous ne pouvons empêcher le plaignant d'aller devant les tribunaux, soit qu'il s'agisse d'une affaire exceptionnellement grave ou d'intérêt général, soit que les circonstances rendent cette action inévi-

table, nous essayons de le guider au mieux de ses intérêts et aussi au mieux des intérêts de notre industrie.

Nous basant sur l'expérience acquise, nous propo-
sons cette ligne de conduite à tous les industriels
qui s'occupent d'art appliqué à l'industrie, et dans l'intérêt général nous leur demandons de se grouper au-
tour de leurs syndicats respectifs.

Comité consultatif. — Les divers syndicats (1) qui
ont intérêt à empêcher le vol des modèles d'art appliqués à l'industrie pourraient constituer un Comité consultatif composé des délégués des Chambres syndicales
intéressées et de deux jurisconsultes. Ce Comité don-
nerait de l'unité aux mesures adoptées et servirait de
conseil supérieur pour les actions en justice.

---

(1) Bronze d'art, Orfèvrerie et Fonte de fer, — Bronze imitation, — Bijouterie-Joaillerie, — Céramique et Émaux, — Scul-
pteurs-Ornemanistes, — Société des Artistes français, — Ligue
pour la protection de la propriété artistique et littéraire aux États-
Unis, etc.

APPENDICE

A l'étranger, que se passe-t-il relativement à la propriété de nos modèles et comment nous est-il possible de nous défendre?

D'une façon générale il est à regretter, disons-nous de nouveau, que depuis 1793 notre jurisprudence en France ait tellement varié et que ses enseignements aient montré les principales questions résolues en sens divers. En ces matières, si nous avions eu depuis que le besoin s'en est fait sentir chez nous, une loi précise ou une jurisprudence constante conforme à nos intérêts, ayant fait ses preuves pendant de longues années, il est présumable que cette expérience acquise chez nous aurait influencé les législateurs étrangers qui, depuis une vingtaine d'années seulement, s'occupent sérieusement de ces questions. L'expression de nos regrets ne devant pas suffire à changer cete situation, examinons-la et cherchons le remède que nous pourrions essayer d'y apporter.

Allemagne

Les lois allemandes n'astreignent à la formalité du dépôt ni les œuvres littéraires ni les œuvres artistiques; mais (art. II, de la loi du 11 janvier 1876) « si
» l'auteur d'une œuvre des arts figuratifs permet qu'elle
» soit reproduite dans une œuvre d'industrie, de fabri-
» que, d'atelier ou de manufacture, la protection qui
» lui est accordée contre la contrefaçon dont son
» œuvre pourrait être ultérieurement l'objet dans le
» domaine de l'industrie, n'est pas celle de la présente
» loi, mais celle de la loi concernant le droit d'auteur
» sur les dessins et modeles de fabrique nécessitant
» le dépôt fait avant toute publicité et effectué au Tri-
» bunal de commerce de Leipzig ».

Par suite de la convention entre la France et l'Allemagne, signée à Francfort le 11 décembre 1871, confirmée par une *déclaration du 11 octobre 1873:* « les sujets de chacun des États contractants jouiront respectivement dans l'autre de la même protection que les nationaux.

Angleterre

Loi du 25 août 1883. — Tout dessin applicable à un objet industriel « ou pour la forme ou pour la configuration, ou pour l'ornement du produit », rentre sous l'application de la loi, quel que soit d'ailleurs son mérite intrinsèque. Le dessin doit être enregistré au Patent Office, et un spécimen déposé suivant des formalités spéciales; le dépôt est secret. La durée du privilège est de cinq ans. Le dessin doit être nouveau dans le royaume. Tout article revêtu du dessin déposé doit porter la mention du dépôt à peine de déchéance.

Les œuvres essentiellement artistiques de sculpture et de peinture doivent être enregistrées avec les œuvres littéraires, dramatiques et musicales à la Chambre de la corporation des imprimeurs et des libraires.

Par suite de la convention du **28 février 1882,** les Français sont protégés en Angleterre à l'égal des nationaux.

Autriche

Loi du 7 décembre 1858 et loi du 23 mai 1855. — Tout type qui se rapporte à la forme d'un produit industriel et qui peut être identifié avec lui est considéré comme modèle ou dessin industriel. Le dépôt doit être fait en deux exemplaires par les Français, à la Chambre de commerce de Vienne. Chaque dépôt peut contenir plusieurs dessins, mais l'enveloppe doit l'indiquer.

Tandis que pour les œuvres littéraires et artistiques, la loi ne prescrit aucun dépôt.

Belgique

Jusqu'en 1886, la Belgique appliquait comme nous la loi du 18 mars 1806, doublée de l'art. 425 du Code pénal pour les dessins et modèles de fabrique, et la loi du 19 juillet 1793 pour les œuvres artistiques.

Une loi nouvelle du 22 mars 1886 protège aujourd'hui la propriété littéraire et artistique. L'article 24 de cette loi porte que « l'œuvre d'art, reproduite par des » procédés industriels ou appliqueé à l'industrie, n'en » reste pas moins soumise aux dispositions de la pré- » sente loi. » On s'est demandé si cet article n'abrogeait pas purement et simplement la loi de 1806, et n'étendait pas la protection de la loi nouvelle même aux dessins et modèles de fabrique. La jurisprudence est encore incertaine. En tout cas, désormais en Belgique, la destination d'une œuvre d'art à l'industrie, comme son exécution par des moyens industriels ne lui enlève plus son caractère artistique.

L'art. 38 protège les étrangers sans aucune condition de réciprocité (1).

Espagne

En vertu de la loi du 10 janvier 1879, les œuvres scientifiques, littéraires et artistiques, ainsi que les gravures, lithographies, plans d'architecture, cartes géographiques, sont astreintes à la formalité de l'enregistrement et au dépôt de trois exemplaires.

Toutes les œuvres de l'art de la peinture, de la sculpture et de la plastique, sont dispensées de l'obligation du registre et du dépôt.

Par le traité conclu avec la France le 6 février 1882, Les Français en Espagne et les Espagnols en France jouissent de la même protection que les nationaux.

Etats-Unis

Loi de 1870-1874 (U. S. revised Statutes). — Sect. 4956 : « Nul n'est admis à jouir du droit de copie, à moins qu'il

______

(1) E. Pouillet.

n'ait avant la publication remis à l'office du bibliothécaire du Congrès, ou déposé à la poste, à l'adresse de ce dernier, à Washington, district de Colombie, une copie imprimée du titre du livre ou de toute autre œuvre, ou la description de la peinture, du dessin, du chromo, de la statue, de la sculpture, du modèle ou de l'esquisse de l'œuvre d'art pour laquelle l'auteur désire avoir le droit de copie. Il devra en outre, dans les dix jours de la publication, remettre à l'office du bibliothécaire du Congrès, ou déposer à la poste, à l'adresse de ce dernier, à Washington, district de Colombie, deux copies de son livre ou de toute autre œuvre, et s'il s'agit d'un tableau, d'un dessin, d'une statue, d'une sculpture, d'un modèle ou d'une esquisse d'une œuvre d'art, il devra mettre une photographie. »

Sect. 4959 : « Le propriétaire de tout livre ou autre œuvre doit en remettre à l'office du bibliothécaire, ou en déposer à la poste, à l'adresse dudit bibliothécaire à Washington, district de Colombie, dans les dix jours de la publication, deux exemplaires imprimés, complets, de la meilleure édition, ou la description ou la photographie de cette œuvre, ainsi qu'il a été prescrit ci-dessus, ainsi qu'un exemplaire de toute édition ultérieure dans laquelle quelques changements essentiels auraient été apportés. »

Sect. 4960 : « En cas d'inobservation des formalités prescrites par les sections 4956 et 4959, le propriétaire du droit d'auteur sera responsable d'une amende de 25 dollars à recouvrer par la bibliothèque du Congrès, au nom des États-Unis, dans la forme d'un procès pour dettes par devant toute Cour du district des États-Unis, dans la juridiction de laquelle le délinquant resterait ou serait trouvé. »

Cette loi pourrait nous couvrir, mais il n'existe pas de convention avec la France, et la loi américaine ne protège l'auteur que s'il est citoyen ou habitant des États-Unis.

Cette situation est des plus fâcheuses. On nous pille au Nord-Amérique de la façon la plus indigne.

Un de nos confrères, M. L. HOTTOT, a formé une ligue pour la protection de la propriété artistique et littéraire aux États-Unis. Dans une très intéressante conférence qu'il a faite à ce sujet, le 4 mai 1888, **M. Hottot** indique l'état de cette question. Il a cité des faits qui prouvent que des fortunes considérables se font à nos dépens aux États-Unis. Certaines de ses pièces, valant de deux cents à cinq cents francs, ont été copiées et vendues jusqu'à cinq cents et mille exemplaires.

Ici les éditeurs de musique, les éditeurs littéraires et les éditeurs de gravures, qui partout ailleurs ont su mieux se faire protéger que nous, sont eux-mêmes impuissants. M. René **Valadon** a traité ce même sujet dans un très intéressant travail intitulé : *De la contrefaçon des œuvres d'art aux États-Unis*, auquel nous empruntons les faits suivants :

Pour les gravures, voici ce que dit l'un des catalogues des contrefacteurs. « Ces belles gravures sont les fac-similés exacts des gravures et eaux-fortes les plus rares et les plus chères, d'après les maîtres anciens, ainsi que des plus belles publications modernes faites en Europe. Elles sont tirées sur le même papier avec la même encre que les originaux. »

Entre autres contrefaçons, M. **Valadon** cite :

« La *Ronde de nuit*, de **Rembrandt**, à été éditée par la maison **Goupil** et Cie à un nombre limité d'épreuves, mais d'un prix très élevé (certains états se vendent 2.500 fr.), car la planche à coûté 100.000 francs. Cette œuvre d'art exceptionnelle a été publiée en mars 1887. Au mois de mai suivant les contrefaçons de cette planche étaient vendues un dollar en Amérique ».

Les procédés de reproduction sont arrivés à une perfection telle, que pour une somme infime le contrefacteur, à l'aide d'une épreuve, constitue les planches sur lesquelles il tirera des milliers d'épreuves.

Relativement aux œuvres littéraires, M. **Valadon** raconte plus loin qu'un des plus grands éditeurs anglais « achetait il y a quelques années, pour la somme

» de 10.000 £ (250.000 fr.), le manuscrit d'ENDYMION, de
» Lord BEACONSFIELD. C'était un joli prix, mais l'éditeur
» comptait sur une vente importante, non seulement
» en Angleterre, mais aussi en Amérique, car les
» œuvres du premier ministre anglais excitaient un
» vif intérêt dans ces deux pays. L'éditeur préparait
» donc son édition, et, comme elle était considérable,
» son exécution demandait un certain temps. Or, un
» éditeur Américain avait eu vent de l'affaire, et voici,
» nous a-t-il raconté, le moyen qu'il employa pour
» s'assurer la vente de ce roman en Amérique. Il sou-
» doya, chez l'éditeur Anglais, un ouvrier qui réussit à
» se procurer les bonnes feuilles du livre. Un steamer
» attendait avec une équipe de compositeurs : les
» épreuves leur furent remises et, pendant la traversée,
» les formes composées, de façon que, à l'arrivée, il
» n'y eût plus qu'à faire rouler les machines, et l'in-
» dustriel américain publia, en même temps que l'édi-
» teur anglais et à un prix bien inférieur, le roman de
» *Disraeli*, ce qui lui rapporta une fortune. Quant à
» l'éditeur anglais, il eût pour seule consolation
» d'admirer la loi américaine qui permettait que, au dix-
» neuvième siècle, le vol pût se pratiquer au grand
» jour et dans de telles proportions ».

Nous pouvons ajouter aux citations de MM HOTTOT
et R. VALADON la communication qui nous a été faite
par un homme également dévoué aux intérêts de l'industrie française, M. LOURDELET (1).

M. LOURDELET s'est procuré et a fait traduire une
lettre-circulaire des fabricants de bronzes de New-York,
qui se passe de commentaire et nous édifiera sur
l'esprit de cette corporation :

---

(1) M. Lourdelet nous a prévenu que c'est avec intention qu'il
a laissé à cette traduction une forme peu littéraire, afin de n'en
pas altérer la forme ni la portée.

New-York, 19 octobre 1888.

Aux Fabricants de Bronzes et de Lampes :

Messieurs,

L'impérieuse nécessité (qui devient chaque jour plus appa-rente) d'une organisation quelconque pour la protection mu-tuelle et uniforme *de nous-mêmes et par nous-mêmes*, engage les soussignés à vous adresser cette lettre-circulaire, dans le but d'obtenir votre active coopération dans une question qui est pour nous tous de l'intérêt le plus vital.

Naturellement, il n'est pas nécessaire avec des hommes intelligents d'entrer dans des détails d'argumentation, il suffit de dire, que ne fût-ce que pour empêcher un fabricant de copier les modèles d'un autre, et lorsque nous disons « modèles » nous comprenons aussi bien *les copies d'articles européens* que les produits ou dessins nationaux, car il ne sera certainement pas admis, nous l'espérons, par aucun membre de notre corporation, que nous avons un tel manque de cervelle *que nous dépendons* du goût de nos voisins pour le choix des modèles étrangers ou de nos propres dessins.

Ceci établi, ce qui nous reste à faire, à nous qui ne sommes qu'une poignée, comparativement aux autres corporations, c'est de nous réunir, et cela de suite, et d'arriver à une entente.

Entièrement imbus de ces idées et estimant que vous devez sentir de même, nous vous demandons soit de vous rendre, soit de vous faire représenter à une réunion à l'Astor-House, chambre 74, mardi, 13 novembre à 2 heures.

Nous attendons une réponse à cette circulaire dont un exemplaire a été envoyé à chaque fabricant de notre corpo-ration.

Veuillez répondre à :

Nicolas Muller's Sons,
M. E. Moore,
Kato Meg Co.

C'est exhorbitant et nous souhaitons ardemment
que la ligue organisée par M. Hоттот obtienne du gouvernement américain qu'il reconnaisse que le vol est
le vol, et qu'il fasse cesser un état de choses déshono-
rant et indigne d'un grand pays.

Italie

Sous l'ancien traité, la propriété de nos dessins
industriels ou de fabrique était protégée par la loi du
30 août 1868, avec dépôt de deux exemplaires au bureau
central des privatives industrielles à Turin.

Les œuvres littéraires et artistiques sont garanties
en Italie par la loi de 1882, art. 21 et 22 : « Quiconque
entend se prévaloir des droits garantis par la présente
loi, doit déposer à la préfecture trois exemplaires ou
trois copies faites au moyen de la photographie ou
d'un procédé quelconque et propre à constater l'identité de l'œuvre. Il doit y prendre une déclaration dans
laquelle il précisera la nature de l'œuvre et l'année
où elle est imprimée, exposée ou publiée.

« Art. 28. — A défaut de déclaration ou de dépôt, dans
le cours des dix années qui suivent la publication,
l'œuvre tombe dans le domaine public. »

Le cadre de notre travail ne nous permet pas
d'étendre d'avantage ce résumé très succinct de la
législation relative à la propriété de nos modèles dans
les principaux pays étrangers ; nous engageons ceux
de nos confrères qui auraient besoin soit d'informa-
tions plus complètes sur ces législations, soit d'indica-
tions sur la législation des pays que nous ne mention-
nons pas ici, d'avoir recours aux ouvrages que nous
avons consultés : *Traité des dessins et modèles industriels*, par M. Eug. Pouillet ; *Concordance des résolutions du Congrès de la propriété artistique, 1878,*
par M. Édouard Clunet ; *Concordance des articles de*

*la proposition de loi relative à la propriété littéraire ou
artistique,* par M. PHILIPPON, ou de s'adresser au Ministère du commerce et de l'industrie où il existe un service de renseignements.

Néanmoins, du court aperçu que nous venons de
parcourir, il ressort que dans la plupart des pays avec
lesquels nous sommes en rapport, tandis que les dessins ou modèles considérés comme industriels sont
astreints à des formalités plus ou moins coûteuses et
compliquées, les œuvres reconnues artisques ne sont
soumises à aucune formalité ou à des formalités beaucoup plus simples.

Nous trouvons donc encore ici une raison sérieuse
pour ne pas contester chez nous la valeur artistique
de nos reproductions, si nous voulons essayer de la
faire reconnaître à l'étranger.

Est-il trop tard et la tâche est-elle impossible ?

Nous ne le croyons pas.

Lors des prochains échanges de traités de commerce, peut-être pourra-t-on faire entrer nos revendi-
cations en ligne de compte. Le terrain est déjà plus
préparé qu'on ne pourrait le croire.

Voici l'art. 4 de la convention concernant la création d'une union internationale pour la protection des
œuvres littéraires et artistiques :

ART. 4. — L'expression « œuvres littéraires et artistiques »
comprend les livres, brochures ou tous autres écrits ; les
œuvres dramatiques ou dramatico-musicales, les compositions
musicales avec ou sans paroles ; les œuvres *de dessin, de
peinture, de sculpture, de gravure ;* les lithographies, les
illustrations, les cartes géographiques ; les plans, croquis et
ouvrages plastiques, relatifs à la géographie, à la topographie,
à l'architecture ou aux sciences en général ; enfin toute production quelconque du domaine littéraire, scientifique ou
artistique qu pourrait *être publiée par n'importe quel mode
d'impression ou de reproduction.*

Cette convention à été signée à Berne, le 9 septembre 1886, par les ministres plénipotentiaires des états suivants :

France, Allemagne, Belgique, Espagne, Grande-Bretagne, Italie, Suisse, Haïti, Libéria et Tunisie.

Puisqu'il est impossible de nous contester la dénomination « d'œuvre de dessin ou de sculpture publiée » par n'importe quel mode d'impression ou de repro- » duction », nous croyons pouvoir espérer que dans un avenir prochain le titre d'éditeurs d'œuvres artistiques ne nous sera plus refusé. Mais ces questions demanderaient aussi à être suivies par les intéressés, et notre idée de créer un Comité supérieur de consultations trouverait encore ici sa place.

Ce Comité pourrait centraliser tous les renseignements relatifs aux législations étrangères et, après étude, éclairer les pouvoirs publics sur les réformes demandées par nos industries. En l'attente de nouvelles conventions internationales, il pourrait tirer profit de l'étude complète des lois existantes et trouver des moyens pratiques susceptibles de donner des résultats plus immédiats.

Paris, le 15 mars 1889.

Extrait du compte rendu de l'Assemblée générale de la Réunion des Fabricants de Bronzes, en date du 29 avril 1889.

Dans sa séance du 29 avril 1889, l'Assemblée générale de la Réunion des Fabricants de Bronzes (1) a, sur la proposition de son président, adopté à l'unanimité les conclusions de cette étude, qui, résumées succintement, tendent :

1° A l'adoption d'une ligne de conduite qui nous permette, en l'attente du vote d'une loi nouvelle, de maintenir à nos industries l'application de la loi de 1793 ;

2° A continuer à émettre le vœu suivant, tiré de la note déjà présentée à M. le Ministre des Arts, en 1881, par M. P. Christofle : « La loi de 1793 et les lois subséquentes continueront à pro-» téger encore, qu'ils soient destinés à une reproduction indus-» trielle, tout dessin ayant un caractère artistique, tout objet » dû à l'art du sculpteur, *statuaire ou ornemaniste*. Il est bien » entendu que cette protection sera accordée, non seulement » aux créations, mais aussi à leur reproduction en toutes » dimensions, toutes matières et par tous procédés. »

3° A approuver le projet de loi Philippon, déposé sur le bureau de la Chambre des Députés, le 8 mars 1888, à la condition que son auteur, qui comme nous réfute la fausse théorie de « l'art finit où l'industrie commence », voudra bien modifier les art. 27, 28, 29 et 39, qui nous astreignent au dépôt et à des formalités difficiles à appliquer dans nos industries.

4° A faire appel aux divers syndicats qui ont intérêt à empêcher le vol des modèles d'art, pour constituer un Comité consultatif, composé des délégués des Chambres syndicales intéressées et de deux jurisconsultes. — Ce Comité devant donner de l'unité aux mesures adoptées et servir de conseil pour les actions en justice.

---

(1) Étaient présents : MM. Barbedienne, Gagneau, Houdebine, Bouhon, Delafontaine, Gravelin, Lerolle, Peyrol, Pinedo, Renon, Susse, Thiebaut, Soleau, Aubin, Berger, Borius, Bouché, Boudou, Brave, Bricard, Chachoin père, Chachoin fils, Dasson (H.), David, Delaunay, Dinée, Graux-Marly, Lecerf, Monnot, Piat, Perrot, Poullin, Quetscher, Raingo, Rauvier, Robert, Rosier fils, Royer.

TABLE DES MATIÈRES

5-89 1911. — Paris, Typ. Morris père et fils, rue Amelot, 64.

9 782013 596381